PIANIFICAZIONE ALIMENTARE EMERGENZA

I0477850

Una guida prepper alla strategia di
nutrizione sostenibile

Tyler Frank Jack

Sommario

INTRODUZIONE

Comprendere la nutrizione
sostenibile negli scenari di crisi

La nutrizione sostenibile nelle emergenze significa garantire alle persone il cibo di cui hanno bisogno per rimanere sane e forti durante i periodi difficili. Le emergenze possono presentarsi in molte forme, come disastri naturali, crisi economiche o periodi prolungati senza accesso a fonti alimentari regolari. In queste situazioni, l'alimentazione diventa vitale sia per la salute fisica che per la lucidità mentale, essenziali per prendere buone decisioni e stare al sicuro.

Uno degli aspetti più importanti dell'alimentazione sostenibile è l'equilibrio. Il nostro corpo ha bisogno di una varietà di nutrienti per funzionare bene, soprattutto in condizioni di stress. I carboidrati forniscono energia rapida, le proteine supportano la riparazione dei muscoli e dei tessuti e i grassi forniscono energia a lunga durata. Vitamine e minerali svolgono anche un ruolo significativo nel mantenere forte il nostro sistema immunitario, aiutando il nostro corpo a combattere le malattie, il che è particolarmente importante quando l'accesso alle cure mediche potrebbe essere più difficile.

Le tradizionali scorte alimentari di emergenza si concentrano spesso su articoli non deperibili come cibi in scatola, cereali e pasti liofilizzati. Sebbene questi alimenti abbiano una lunga durata di conservazione, potrebbero non fornire una dieta equilibrata per un periodo prolungato. Ad esempio, i cibi in scatola sono spesso ricchi di sodio, il che può essere problematico, soprattutto per le persone con problemi di pressione sanguigna. I pasti liofilizzati possono essere ricchi di carboidrati ma possono mancare di verdure fresche, frutta e altri alimenti ricchi di sostanze nutritive che forniscono vitamine e minerali essenziali. Nel corso del tempo, fare affidamento esclusivamente su questi alimenti può portare a carenze, rendendo più difficile rimanere in salute.

Incorporare cibi freschi in una dieta di emergenza può sembrare impegnativo, ma è possibile con strategie sostenibili. Un approccio è quello di coltivare del cibo in casa. Anche piccoli sforzi, come coltivare erbe aromatiche o microgreens al chiuso, possono fare la differenza. Queste piccole piante sono ricche di vitamine e possono essere aggiunte ai pasti per ottenere nutrienti extra. Fare giardinaggio non significa solo produrre cibo; può anche essere terapeutico, fornendo un senso di normalità e uno scopo nei momenti difficili. Inoltre, la ricerca di piante selvatiche commestibili è un'abilità che, se appresa in modo sicuro, può essere un eccellente complemento agli alimenti conservati. In alcune zone, piante selvatiche come il tarassaco, le bacche e le noci possono essere raccolte per aggiungere varietà nutrizionale.

Le proteine sono un altro componente essenziale di una dieta equilibrata e diventano ancora più critiche in caso di emergenza. Le proteine aiutano a riparare e costruire i tessuti, supportano il sistema immunitario e forniscono energia a lunga durata. Molte strategie tradizionali di stoccaggio non tengono conto del fabbisogno proteico oltre ai fagioli o alla carne in scatola, il che potrebbe non essere sostenibile nel tempo. L'allevamento di piccoli animali, come polli o conigli, può offrire una fonte rinnovabile di proteine. Questi animali possono essere allevati con risorse minime e fornire uova o carne secondo necessità. Naturalmente, questo approccio richiede preparazione e apprendimento, ma è una preziosa aggiunta a un piano alimentare sostenibile.

Un altro aspetto cruciale dell'alimentazione sostenibile è la conservazione degli alimenti. Imparando i metodi di conservazione, come l'essiccazione, l'inscatolamento e la fermentazione, le persone possono prolungare la durata di conservazione degli alimenti nutrienti. L'essiccazione di frutta e verdura, ad esempio, ci consente di conservare questi articoli per lunghi periodi senza refrigerazione, pur conservando la maggior parte dei loro nutrienti. L'inscatolamento, pur richiedendo attrezzature speciali, è un modo affidabile per conservare un'ampia varietà di alimenti e garantire una dieta equilibrata. La fermentazione è un altro metodo prezioso, poiché può aumentare il valore nutrizionale degli alimenti aggiungendo batteri benefici, che aiutano la digestione e rafforzano il sistema immunitario. Queste tecniche di conservazione riducono la dipendenza dagli alimenti trasformati commercialmente, che possono essere ricchi di conservanti e poveri di nutrienti.

Una parte significativa della nutrizione sostenibile consiste nel creare una riserva che tenga conto dei bisogni di tutti i membri della famiglia, compresi i bambini, i familiari anziani e coloro che hanno esigenze dietetiche specifiche. I bambini, ad esempio, hanno bisogno di calorie e nutrienti extra per la crescita, mentre gli adulti più anziani potrebbero aver bisogno di più calcio e fibre. Concentrandosi su una varietà di tipi di alimenti, è possibile soddisfare queste esigenze anche in caso di emergenza. Vitamine e integratori minerali sono utili anche per colmare le lacune nutrizionali, garantendo a tutti i nutrienti necessari.

La rotazione degli alimenti immagazzinati è essenziale anche per mantenere scorte fresche e ricche di nutrienti. Gli alimenti dovrebbero essere organizzati in modo da essere utilizzati prima della data di scadenza, quindi sostituiti con scorte fresche. Questa pratica garantisce che gli alimenti conservati rimangano sicuri da mangiare e mantengano il loro valore nutrizionale. Un sistema di rotazione organizzato previene gli sprechi e aiuta le famiglie a tenere traccia di ciò che hanno a portata di mano, facilitando la pianificazione di pasti equilibrati. Un sistema di questo tipo riduce anche la necessità di buttare il cibo scaduto, il che può far risparmiare denaro a lungo termine.

Vale la pena notare che in situazioni di emergenza, l'accesso all'acqua può essere altrettanto critico quanto il cibo. L'idratazione è fondamentale per la salute e molti alimenti richiedono acqua per la preparazione, come i cereali essiccati e i pasti liofilizzati. Avere una fonte d'acqua sicura e affidabile, sia attraverso acqua immagazzinata, filtrazione o metodi di purificazione, garantisce che il cibo possa essere preparato correttamente e che le persone possano rimanere idratate. Senza acqua, anche le migliori scorte alimentari diventano difficili da utilizzare in modo efficace.

Nel mondo di oggi, le emergenze potrebbero durare più a lungo del previsto e avere un approccio a lungo termine alla sicurezza alimentare può garantire tranquillità. Saper coltivare, conservare e pianificare attentamente i pasti consente alle persone di affrontare le crisi con resilienza. La nutrizione sostenibile non significa solo sopravvivere; si tratta di mantenere un livello di benessere che supporti la chiarezza mentale, la forza e l'energia. Questo approccio prepara le persone ad affrontare le sfide a testa alta e a rimanere adattabili.

La pianificazione nutrizionale sostenibile consiste nel fondere i bisogni immediati con una mentalità che guarda al futuro. Apprendendo queste competenze e creando subito dei sistemi, gli individui e le famiglie possono creare una strategia alimentare che fornisca non solo il sostentamento di base, ma sostenga anche la salute e il benessere a lungo termine. Questo spostamento verso la sostenibilità non avviene da un giorno all'altro, ma ogni piccolo passo, che si tratti di piantare alcune erbe, imparare a conservare o costruire un semplice sistema di rotazione del cibo, contribuisce a una maggiore preparazione e resilienza. Nutrizione sostenibile nelle emergenze significa non solo prepararsi a sopravvivere ma anche prepararsi a prosperare, indipendentemente dalle circostanze.

CAPITOLO 1

Elementi essenziali della pianificazione nutrizionale di emergenza

Identificazione dei nutrienti essenziali

In ogni emergenza, avere la giusta alimentazione diventa essenziale. Il nostro corpo ha bisogno di nutrienti specifici per rimanere sano, forte e capace di gestire situazioni stressanti. I nutrienti essenziali ci danno energia, proteggono i nostri organi, supportano il nostro sistema immunitario e ci aiutano a pensare chiaramente. Senza di loro diventa difficile sentirsi bene o rimanere forti, soprattutto nelle situazioni difficili. Ogni nutriente svolge un ruolo unico nel mantenere il corretto funzionamento del nostro corpo e insieme ci aiutano a sentirci equilibrati e preparati.

I principali tipi di nutrienti essenziali di cui il nostro corpo ha bisogno includono vitamine, minerali, proteine, grassi e carboidrati. Ciascuno di questi nutrienti aiuta l'organismo in modo particolare e tutti sono necessari per stare bene durante un'emergenza. Analizziamo cosa fa ciascuno di questi nutrienti e come ci aiutano nelle situazioni di sopravvivenza.

Le vitamine sono nutrienti piccoli ma potenti. Anche se il nostro corpo ne ha bisogno in quantità minori, sono incredibilmente potenti nel sostenere la nostra salute. Le vitamine aiutano in tutto, dal vedere chiaramente, combattere le malattie e curare le ferite fino a darci energia. Ad esempio, la vitamina C aiuta a mantenere forte il nostro sistema immunitario, facilitando la lotta contro raffreddori o infezioni. La vitamina A aiuta i nostri occhi, soprattutto in condizioni di scarsa illuminazione, e supporta anche il nostro sistema immunitario. Le vitamine del gruppo B, come la B6 e la B12, sono fondamentali per l'energia e la funzione cerebrale, il che ci aiuta a rimanere vigili e attivi.

Durante le emergenze, assumere abbastanza vitamine può essere complicato poiché spesso si trovano nella frutta e nella verdura fresca, che potrebbero non essere disponibili. Per rimediare a ciò, è bene includere nelle scorte di emergenza fonti come frutta in scatola, verdura e cibi arricchiti. Molti alimenti di emergenza sono arricchiti, il che significa che hanno vitamine extra aggiunte per compensare ciò che potrebbe mancare in una dieta di sopravvivenza.

I minerali sono un altro gruppo di nutrienti essenziali di cui il nostro corpo ha bisogno. Come le vitamine, svolgono molti ruoli diversi nel mantenerci in salute. Ad esempio, il calcio è essenziale per ossa e denti forti, mentre il ferro aiuta a trasportare l'ossigeno attraverso il sangue, dandoci energia. Il magnesio aiuta la funzione muscolare e nervosa, risultando particolarmente utile in situazioni che richiedono sforzo fisico. Il sodio e il potassio sono anche fondamentali per bilanciare i liquidi nel nostro corpo, il che aiuta a prevenire la disidratazione, un rischio comune nelle emergenze.

I minerali si trovano in una vasta gamma di alimenti, ma possono anche essere difficili da ottenere in caso di emergenza. Il sale è un'ottima fonte di sodio, necessario per mantenere l'equilibrio dei liquidi del nostro corpo. I cereali integrali, i fagioli secchi e il pesce in scatola, come le sardine o il salmone, sono buone fonti di minerali come magnesio e calcio. Quando ti prepari per le emergenze, è utile includere cibi ricchi di minerali per garantire che il tuo corpo riceva ciò di cui ha bisogno per funzionare bene.

Le proteine sono spesso chiamate gli elementi costitutivi della vita perché vengono utilizzate per costruire e riparare i tessuti del corpo. Le proteine sono costituite da aminoacidi, che sono come piccoli elementi costitutivi che aiutano i nostri muscoli a crescere, a guarire le ferite e a sostenere un forte sistema immunitario. Senza abbastanza proteine, il corpo può iniziare a sentirsi debole e diventa più difficile rimanere attivi. Durante le emergenze, quando sono necessarie energia fisica e resistenza, le proteine sono essenziali per mantenere forza e resistenza.

Le proteine possono provenire da una varietà di fonti. Carne, pollame, pesce, fagioli e noci sono tutti ricchi di proteine. La carne in scatola, i fagioli secchi e il burro di arachidi sono particolarmente preziosi in situazioni di emergenza perché sono facili da conservare, hanno una lunga durata e forniscono alti livelli di proteine. Per le persone che non mangiano carne, possono essere utili altre fonti proteiche come lenticchie, quinoa e persino proteine in polvere. Includere un mix di fonti proteiche è utile in un kit di emergenza, poiché mantiene i pasti interessanti e garantisce che il corpo riceva la varietà di cui ha bisogno.

I grassi hanno spesso una cattiva reputazione, ma in realtà sono molto importanti per la sopravvivenza. I grassi forniscono energia a lungo termine, aiutano a mantenerci al caldo e a proteggere i nostri organi. Alcuni grassi, chiamati acidi grassi essenziali, aiutano anche la salute del cervello e la funzione cellulare. In caso di emergenza, i grassi forniscono una ricca fonte di calorie, il che significa che forniscono più energia per la stessa quantità di cibo, il che è fondamentale quando le scorte di cibo possono essere limitate.

I grassi possono essere trovati in alimenti come noci, semi, oli e alcuni tipi di pesce. Avere un buon mix di grassi sani, come olio d'oliva, noci e pesce in scatola, come salmone o tonno, nelle tue scorte di emergenza può aiutarti a mantenerti energico. È anche una buona idea includere fonti come burro di arachidi o burro o burro chiarificato a lunga conservazione, poiché sono facili da conservare e hanno una lunga durata di conservazione. I grassi ti mantengono sazio e forniscono l'energia necessaria per gestire compiti fisici e mentali in una situazione di sopravvivenza.

I carboidrati sono la principale fonte di energia del nostro corpo. Quando mangiamo carboidrati, il nostro corpo li trasforma in glucosio, o zucchero, che viene utilizzato per produrre energia immediata. I carboidrati sono essenziali nelle emergenze perché ci danno energia rapida per rimanere attivi e vigili. Sono particolarmente importanti quando dobbiamo pensare con lucidità o svolgere attività fisiche, come costruire un rifugio o trovare risorse.

I carboidrati si trovano in alimenti come riso, pasta, avena e frutta in scatola o secca. In una situazione di emergenza, è utile includere alimenti che contengono carboidrati complessi, come i cereali integrali, perché rilasciano energia lentamente e ti fanno sentire sazio più a lungo. Anche i carboidrati semplici, come quelli contenuti nella frutta in scatola o nel miele, sono utili da avere a portata di mano perché forniscono energia rapida quando è necessaria. Mescolare carboidrati complessi e semplici in una dieta di emergenza fornisce un equilibrio di energia rapida e duratura.

Oltre a questi nutrienti essenziali, ci sono altre cose che possono supportare il nostro corpo in caso di emergenza. La fibra è uno di questi esempi. Sebbene la fibra non sia un nutriente che fornisce energia, è molto importante per la digestione. Le fibre aiutano a mantenere il nostro sistema digestivo senza intoppi, il che è particolarmente utile quando potremmo seguire una dieta diversa dal solito. Alimenti come cereali integrali, fagioli e verdure in scatola contengono fibre e sono utili da includere nella conservazione degli alimenti di emergenza.

L'acqua è un altro componente fondamentale che funziona con questi nutrienti per mantenerci in salute. Ogni nutriente nel nostro corpo ha bisogno di acqua per muoversi e svolgere il proprio lavoro. In effetti, l'acqua è spesso chiamata "nutriente" a causa di quanto sia essenziale per la sopravvivenza. La disidratazione può rendere difficile digerire il cibo, pensare lucidamente e rimanere attivi, motivo per cui avere abbastanza acqua è essenziale in qualsiasi piano di emergenza. È una buona idea avere abbastanza acqua pulita e potabile per ogni persona e sapere come purificare l'acqua, se necessario.

Quando si pianifica un'alimentazione di emergenza, avere un equilibrio di tutti questi nutrienti essenziali aiuta a mantenere il corpo e la mente nella migliore forma possibile. Un buon mix di alimenti ricchi di vitamine, minerali, proteine, grassi e carboidrati garantisce che il corpo abbia ciò di cui ha bisogno per affrontare qualunque sfida si presenti. Includendo questi nutrienti in un piano alimentare di emergenza, non solo ti prepari a sopravvivere ma anche a prosperare, con l'energia, la forza e la salute necessarie per affrontare qualsiasi situazione.

Calorie e idratazione

Le calorie e l'idratazione sono essenziali per mantenere il nostro corpo alimentato e funzionante durante le emergenze. Ciascuno di questi elementi svolge un ruolo unico nel sostenere la nostra energia e garantire che i nostri corpi abbiano le risorse di cui hanno bisogno per gestire le sfide fisiche e mentali. Comprendere come le calorie e l'acqua contribuiscono alla sopravvivenza può aiutarci a fare scelte migliori quando si pianifica un'emergenza.

Le calorie sono la principale fonte di energia del corpo. Tutto ciò che facciamo, dal respirare al pensare, al camminare e al sollevare pesi, richiede energia e otteniamo quell'energia dalle calorie contenute nel cibo. Durante le emergenze, quando potremmo dover affrontare lavori fisici come costruire rifugi, raccogliere provviste o semplicemente gestire uno stress elevato, i nostri corpi hanno bisogno di ancora più energia. Se non assumiamo abbastanza calorie, il nostro corpo potrebbe iniziare a utilizzare i nostri muscoli e il nostro grasso per produrre energia, il che può farci sentire deboli nel tempo e ridurre la nostra capacità di gestire le richieste di un'emergenza.

Sebbene le calorie siano cruciali, l'idratazione è altrettanto importante. L'acqua è essenziale per quasi tutte le funzioni del nostro corpo, compresa la digestione, la circolazione e la regolazione della temperatura. Senza abbastanza acqua, è difficile per il nostro corpo utilizzare i nutrienti che mangiamo e possiamo rapidamente disidratarci. La disidratazione può farci sentire stanchi, storditi e confusi, il che può essere pericoloso in situazioni di emergenza.

In caso di emergenza, soprattutto in condizioni calde o secche, l'acqua può essere persa rapidamente attraverso la sudorazione, la respirazione e persino il parlare. Per questo motivo è essenziale disporre di una fornitura affidabile di acqua pulita. Una linea guida generale è quella di immagazzinare un litro d'acqua per persona al giorno, anche se potrebbe essere necessaria una quantità maggiore per le persone con bisogni più elevati, come bambini, anziani o persone molto attive.

Per garantire una corretta idratazione, è utile distribuire l'assunzione di acqua durante il giorno invece di berne grandi quantità in una volta. Sorseggiare acqua regolarmente mantiene il nostro corpo idratato e consente una migliore digestione e assorbimento dei nutrienti. Nelle situazioni in cui l'acqua pulita può essere limitata, è anche saggio evitare cibi ad alto contenuto di sale, poiché possono renderci assetati e richiedere più acqua per essere elaborati.

Per coloro che si preparano alle emergenze, lo stoccaggio e la purificazione dell'acqua sono competenze essenziali. Lo stoccaggio dell'acqua può includere grandi bottiglie, barili per la pioggia o anche piccoli contenitori personali, a seconda dello spazio disponibile. I metodi di purificazione, come i filtri per l'acqua, le compresse o l'ebollizione, aiutano a rendere l'acqua sicura da bere se proviene da una fonte che potrebbe essere contaminata. Anche i piccoli filtri portatili possono essere utili, soprattutto nelle situazioni in cui può essere necessario spostarsi.

Oltre all'acqua potabile, alcuni alimenti possono aiutare con l'idratazione. Gli alimenti ad alto contenuto di acqua, come frutta o verdura in scatola, possono contribuire al fabbisogno idrico quotidiano. Sebbene non sostituiscano la necessità di acqua potabile, possono essere utili in situazioni in cui l'acqua scarseggia. I pacchetti di elettroliti sono un'altra utile aggiunta alle scorte di emergenza, poiché aiutano a mantenere l'equilibrio di sali e liquidi nel corpo, che può essere eliminato dalla sudorazione, dallo stress o dalla mancanza di acqua.

Calorie e idratazione insieme costituiscono la base di un buon piano nutrizionale di emergenza. Ciascuno di questi elementi svolge un ruolo essenziale nell'aiutare il nostro corpo a rimanere forte, energico e resistente durante i momenti difficili. Includendo alimenti che forniscono un equilibrio di proteine, grassi e carboidrati e garantendo un adeguato approvvigionamento idrico, possiamo gestire meglio le esigenze di qualsiasi situazione di emergenza. Questo approccio non solo supporta la sopravvivenza, ma aiuta anche a mantenere la salute e il benessere, che sono fondamentali per rimanere calmi e concentrati in tempi incerti.

Evitare le carenze nutrizionali comuni

Durante le emergenze, garantire al nostro corpo i giusti nutrienti diventa una priorità, soprattutto perché alcune carenze possono farci sentire stanchi, deboli o addirittura malati. Le carenze nutrizionali si verificano quando non riceviamo abbastanza nutrienti essenziali di cui il nostro corpo ha bisogno per funzionare. In situazioni di emergenza, è più difficile ottenere pasti freschi ed equilibrati, quindi i preparatori dovrebbero pianificare in anticipo per evitare alcune delle carenze più comuni, come quelle che coinvolgono proteine, vitamine e minerali. Comprendendo queste potenziali carenze e adottando misure per affrontarle, possiamo aiutare il nostro corpo a rimanere forte e resistente.

Uno dei nutrienti più importanti da monitorare in situazioni di emergenza sono le proteine. Le proteine sono essenziali per costruire e riparare i muscoli, sostenere la salute del sistema immunitario e fornire forza generale. Senza abbastanza proteine, il nostro corpo può perdere massa muscolare, potremmo sentirci deboli e il nostro sistema immunitario potrebbe non funzionare in modo altrettanto efficace, rendendoci più vulnerabili alle malattie. Le carenze proteiche sono comuni nelle emergenze perché gli alimenti ricchi di proteine, come carne fresca, uova e latticini, possono deteriorarsi senza refrigerazione. Per evitare questa carenza, i prepper dovrebbero fare scorta di cibi ricchi di proteine che non si deteriorano facilmente, come pesce in scatola, fagioli, lenticchie e burro di arachidi. Questi elementi possono durare a lungo se conservati e fornire gli aminoacidi necessari affinché il nostro corpo rimanga forte. Anche gli integratori proteici in polvere o le barrette proteiche sono utili aggiunte a un kit di emergenza perché sono facili da conservare e forniscono un rapido apporto proteico quando necessario.

Le carenze vitaminiche sono comuni anche durante le emergenze, soprattutto per vitamine come A, C e D. Ogni vitamina svolge un ruolo unico nella nostra salute e la mancanza di una di esse può portare a problemi specifici. Ad esempio, la vitamina A è essenziale per la vista, la salute della pelle e la funzione immunitaria. Quando non ne abbiamo abbastanza, potremmo avere problemi alla vista o avere più difficoltà a combattere le infezioni. Gli alimenti ricchi di vitamina A, come carote, patate dolci e spinaci, possono essere difficili da conservare per lunghi periodi, quindi i prepper dovrebbero prendere in considerazione la possibilità di fare scorta di verdure in scatola o versioni essiccate di questi alimenti. Anche i multivitaminici che includono la vitamina A sono una buona opzione per aiutare a prevenire questa carenza.

La vitamina C, un'altra vitamina importante, aiuta il nostro sistema immunitario a combattere le infezioni, favorisce la guarigione delle ferite e sostiene la salute della pelle. In periodi di stress, come durante un'emergenza, i nostri corpi potrebbero aver bisogno di ancora più vitamina C per rimanere forti. Frutta e verdura fresca come arance, fragole e peperoni sono le migliori fonti di vitamina C, ma può essere difficile conservarle a lungo termine. Per prevenire la carenza di vitamina C, i prepper possono includere integratori di vitamina C in polvere nei loro kit o fare scorta di frutta in scatola come agrumi o prodotti a base di pomodoro, che spesso trattengono una buona quantità di questa vitamina. Un'altra opzione è includere la frutta secca, come il mango essiccato o le albicocche, che forniscono una carica di vitamina C e sono facili da conservare.

La vitamina D è essenziale per ossa forti e funzione immunitaria e il nostro corpo la produce naturalmente quando esposto alla luce solare. Tuttavia, in situazioni in cui potremmo rimanere in casa per periodi prolungati o durante i mesi invernali con luce solare limitata, la carenza di vitamina D può diventare un problema. Questa carenza può portare ad un indebolimento delle ossa e ad una maggiore suscettibilità alle malattie. Poiché la vitamina D non è abbondante in molti alimenti, i preparativi dovrebbero prendere in considerazione l'aggiunta di integratori di vitamina D alle loro scorte di emergenza. Anche il pesce in scatola come il salmone o il tonno fornisce una piccola quantità di vitamina D e può aiutare a ridurre il rischio di carenza.

Le carenze minerali sono un'altra preoccupazione per i prepper, soprattutto quando si tratta di minerali essenziali come ferro, calcio e potassio. Il ferro è vitale per il trasporto dell'ossigeno in tutto il nostro corpo e una carenza può farci sentire stanchi, deboli e vertigini. Poiché il ferro si trova principalmente nelle carni rosse e in alcune verdure, i prepper potrebbero avere difficoltà a mantenere livelli di ferro sufficienti. Le carni in scatola come il manzo o il pollo possono fornire una buona fonte di ferro e sono pratiche per la conservazione a lungo termine. Fagioli, lenticchie e persino cereali arricchiti sono altre opzioni ricche di ferro che possono aiutare a prevenire la carenza.

Il calcio è necessario per la salute delle ossa e la funzione muscolare e, senza una quantità sufficiente, le nostre ossa possono indebolirsi e potremmo avvertire crampi muscolari. Il calcio si trova tipicamente nei latticini, che possono essere difficili da conservare per lunghi periodi. Per evitare la carenza di calcio, i prepper possono cercare alternative al latte stabili come il latte in polvere o il latte vegetale fortificato, come il latte di mandorle o di soia. Anche il pesce in scatola con le lische, come le sardine o il salmone, fornisce una buona fonte di calcio. Includere integratori di calcio in un kit di emergenza è un'altra opzione affidabile per garantire un'assunzione adeguata.

Il potassio è essenziale per la salute del cuore, la funzione muscolare e il mantenimento dell'equilibrio dei liquidi corporei. In caso di emergenza, la carenza di potassio può portare a problemi come debolezza muscolare e ritmo cardiaco irregolare. Frutta e verdura fresca come banane, patate e spinaci sono ricche di potassio ma possono essere difficili da conservare a lungo termine. Per evitare la carenza di potassio, i prepper possono fare scorta di frutta secca come albicocche o uvetta, che trattengono il potassio e sono facili da conservare. Inoltre, le verdure in scatola e le zuppe possono fornire piccole quantità di potassio e possono essere incluse come parte di una dieta di emergenza equilibrata.

Oltre a questi nutrienti specifici, è importante pianificare una dieta complessivamente equilibrata. Le scorte alimentari di emergenza dovrebbero includere una varietà di alimenti per contribuire a coprire tutte le esigenze nutrizionali del corpo. Includendo un mix di cibi in scatola, essiccati e in polvere, i prepper possono creare una dieta che fornisca proteine, vitamine e minerali essenziali anche quando il cibo fresco non è disponibile. È anche saggio ruotare periodicamente le scorte alimentari di emergenza per garantire che rimangano fresche e ricche di nutrienti.

Per coloro che vogliono essere più preparati, i multivitaminici possono essere un'ottima aggiunta a un kit di scorte di emergenza. I multivitaminici forniscono un'ampia gamma di vitamine e minerali in un'unica compressa, facilitando la prevenzione delle carenze quando è difficile ottenere una dieta equilibrata. Sebbene i multivitaminici non possano sostituire i benefici del cibo vero, possono aiutare a colmare le lacune nutrizionali e garantire tranquillità durante i periodi incerti.

Evitare carenze nutrizionali durante le emergenze richiede un'attenta pianificazione e una fornitura ben ponderata di cibo e integratori. Comprendendo l'importanza di proteine, vitamine e minerali, i prepper possono fare scelte intelligenti su cosa conservare e come prevenire le carenze comuni. Con il giusto equilibrio tra alimenti e integratori, possiamo sostenere il nostro corpo e rimanere forti e in salute, anche nei momenti difficili.

CAPITOLO 2

Fonti alimentari sostenibili per la sopravvivenza a lungo termine

Coltivare il proprio cibo

Coltivare il proprio cibo è uno dei modi più gratificanti e sostenibili per assicurarsi di avere una fornitura costante di opzioni fresche e nutrienti, soprattutto in tempi di crisi. Anche se lo spazio o le risorse sono limitati, ci sono modi per creare un orto produttivo in grado di fornire frutta, verdura ed erbe essenziali per la tua famiglia. Avviare un piccolo orto non solo può garantire la sicurezza alimentare, ma anche fornire competenze preziose per la sopravvivenza a lungo termine. Che tu abbia un ampio cortile, un piccolo balcone o anche solo un davanzale, coltivare parte del tuo cibo può essere un obiettivo realistico e raggiungibile.

Uno dei modi più semplici e pratici per iniziare a coltivare il cibo è creare un orto. Gli orti possono essere allestiti in varie posizioni, comprese aiuole rialzate, contenitori o anche direttamente nel terreno. Il primo passo è selezionare la posizione giusta con abbastanza luce solare. La maggior parte delle verdure ha bisogno di almeno 6-8 ore di luce solare ogni giorno, quindi è essenziale una posizione soleggiata. Se lavori con uno spazio limitato, anche alcuni grandi contenitori su un balcone o un patio possono funzionare bene. Cerca vasi o contenitori con fori di drenaggio per evitare che l'acqua si depositi nel terreno, cosa che può danneggiare le piante.

Una volta scelta la posizione, considera quali colture desideri coltivare. Per i principianti, è meglio iniziare con verdure facili da coltivare, come pomodori, lattuga, carote e ravanelli. I pomodori sono popolari perché producono molti frutti e richiedono una manutenzione relativamente bassa una volta stabiliti. La lattuga cresce rapidamente e può essere raccolta più volte, il che significa che avrai una fornitura continua di verdure. Carote e ravanelli sono ortaggi a radice che crescono bene in piccoli spazi e non richiedono molte cure oltre all'irrigazione regolare. Queste verdure non solo forniscono nutrienti essenziali, ma hanno anche un tempo di raccolta relativamente rapido, così potrai goderti prima i frutti del tuo orto.

Per preparare il terreno, aggiungi del compost o della materia organica per migliorarne la fertilità. Ciò fornirà nutrienti essenziali per le tue piante, rendendole più forti e resistenti. Se utilizzi contenitori, puoi acquistare in un negozio di giardinaggio del terriccio appositamente formulato per la coltivazione di ortaggi. Una volta che il terreno è pronto, pianta i semi secondo le istruzioni sulla confezione, poiché ogni pianta ha requisiti di spaziatura e profondità diversi. Mantieni il terreno costantemente umido, soprattutto nelle prime fasi in cui i semi germinano e le giovani piante si stabiliscono.

Per coloro che potrebbero non avere spazio all'aperto, i microgreens offrono un'ottima alternativa per coltivare il cibo in casa. I microgreens sono piccole piante commestibili che vengono raccolte quando sono alte solo pochi centimetri, di solito entro 1-2 settimane dalla semina. Nonostante le loro piccole dimensioni, i microgreens racchiudono un pugno in termini di sapore e nutrizione. Sono spesso più ricchi di vitamine e minerali rispetto ai loro omologhi adulti, il che li rende una preziosa aggiunta a qualsiasi dieta.

Coltivare i microgreens è incredibilmente semplice. Avrai bisogno di un contenitore poco profondo, del terreno e dei semi. Metti uno strato di terra nel contenitore, cospargici sopra i semi e coprili leggermente con un po' più di terra. Innaffia delicatamente i semi e posiziona il contenitore in un luogo soleggiato, come il davanzale di una finestra. Dopo circa una settimana vedrai i piccoli germogli, che saranno pronti per essere raccolti quando saranno alti 2-3 pollici. I microgreens più comuni includono girasole, ravanello e cavolo riccio, ma puoi sperimentare anche con altre varietà. Tagliateli semplicemente con le forbici, lavateli e divertitevi. Sono ottimi nelle insalate, nei panini o come guarnizione per altri piatti.

Se stai cercando di espandere il tuo giardino, le erbe aromatiche sono un'altra scelta fantastica. Erbe come basilico, prezzemolo, menta e coriandolo sono facili da coltivare, richiedono poco spazio e possono prosperare in vaso. Inoltre aggiungono sapore ai tuoi pasti e spesso hanno proprietà medicinali. La menta, ad esempio, è rinfrescante e può essere utilizzata nelle tisane o nei dolci, mentre il basilico può esaltare il gusto di salse e zuppe. Le erbe tendono a crescere bene in ambienti chiusi, il che significa che puoi avere erbe fresche disponibili tutto l'anno, anche nei climi più freddi.

La scelta di colture a bassa manutenzione è essenziale quando si coltiva cibo in modo sostenibile. Vuoi piante che continuino a produrre nel tempo e che non necessitino di cure costanti, soprattutto se sei nuovo al giardinaggio. Alcune opzioni a bassa manutenzione includono patate, fagioli e zucchine. Le patate sono particolarmente resistenti e possono crescere in una varietà di tipi di terreno. Sono anche ricchi di calorie e forniscono un'ottima fonte di energia. I fagioli, come i fagiolini o i fagiolini, non hanno bisogno di molta acqua o attenzione e arricchiscono il terreno con azoto, che aiuta le altre piante a crescere. Le zucchine sono un altro ortaggio resistente che produce in abbondanza una volta che inizia a crescere. Solo una o due piante di zucchine possono fornirti più che sufficienti per i pasti.

Per un successo a lungo termine, è essenziale praticare la rotazione delle colture se si dispone di uno spazio più ampio per il proprio giardino. La rotazione delle colture significa cambiare ogni anno la posizione di piante specifiche per prevenire l'esaurimento delle sostanze nutritive nel terreno. Ad esempio, se coltivi pomodori in un punto quest'anno, potresti piantare fagioli o lattuga in quel punto l'anno prossimo. La rotazione delle colture aiuta anche a prevenire l'accumulo di parassiti e malattie che possono danneggiare piante specifiche. Spostando le colture, crei un giardino più sano e sostenibile.

La piantagione consociata è un'altra strategia utile. Alcune piante, se coltivate insieme, possono trarre benefici reciproci respingendo i parassiti o migliorando la salute del suolo. Ad esempio, piantare calendule vicino ai pomodori può aiutare a scoraggiare gli insetti, mentre il basilico piantato vicino ai peperoni può migliorarne il sapore e la crescita. Conoscere la consociazione di piante può rendere il tuo giardino più produttivo senza la necessità di pesticidi o fertilizzanti chimici.

L'irrigazione è, ovviamente, essenziale per qualsiasi giardino, ma in un ambiente sostenibile ti consigliamo di conservare l'acqua quando possibile. Raccogliere l'acqua piovana è un ottimo modo per farlo. Se disponi di spazio all'aperto, puoi installare un barile per la pioggia per catturare il deflusso dal tetto. Quest'acqua può quindi essere utilizzata per irrigare le piante. Anche la pacciamatura, o la copertura del terreno con materiale organico come paglia o foglie, aiuta a trattenere l'umidità e riduce la necessità di annaffiature frequenti.

Oltre a fornire una fonte di cibo sostenibile, il giardinaggio ha molti altri vantaggi. Aiuta a ridurre la dipendenza dal cibo acquistato in negozio, che può essere limitato in caso di emergenza, e consente di avere ingredienti freschi senza preoccuparsi della carenza di approvvigionamento. Il giardinaggio può anche essere un'attività rilassante e divertente che ti connette con la natura e dà un senso di realizzazione.

Coltivare il proprio cibo non deve essere complicato. Inizia in piccolo con alcune piante facili da coltivare, come pomodori o microgreens, ed espandi gradualmente man mano che ti senti più a tuo agio. Scegliendo colture a bassa manutenzione, utilizzando tecniche come la rotazione delle colture e la consociazione di piante e conservando l'acqua, puoi creare una fonte di cibo sostenibile che avvantaggia sia te che l'ambiente. Con un po' di pazienza e pratica, sarai in grado di goderti cibi freschi e nutrienti direttamente dal tuo orto, anche nei momenti difficili.

Ricerca di piante commestibili

Cercare piante commestibili in natura può essere un modo prezioso per integrare la dieta, soprattutto durante le emergenze o situazioni in cui le fonti di cibo regolari possono essere limitate. La natura offre una varietà di piante selvatiche nutrienti che crescono in ambienti diversi, dalle foreste e dai campi ai prati e alle zone costiere. Imparare a identificare queste piante, comprenderne i benefici nutrizionali e praticare tecniche di raccolta sicure può renderti più autosufficiente e offrire una fonte di cibo sana e sostenibile.

Per iniziare con il foraggiamento, il primo passo è imparare a identificare le piante commestibili. Molte piante selvatiche sono sicure da mangiare, ma alcune possono essere tossiche se scambiate per varietà commestibili. È importante fare le tue ricerche, imparare da guide o libri affidabili e, se possibile, seguire un corso con un raccoglitore esperto per acquisire esperienza pratica. Una delle regole più basilari del foraggiamento è consumare solo piante che puoi identificare con assoluta certezza. Per i principianti, ci sono alcune piante commestibili comuni che sono generalmente facili da riconoscere e sicure da consumare, come il dente di leone, il trifoglio e la piantaggine. I denti di leone, ad esempio, hanno fiori gialli brillanti e foglie seghettate. Tutte le parti della pianta del dente di leone sono commestibili e ricche di vitamine A, C e K. Il trifoglio, con le sue caratteristiche foglie in tre parti e piccoli fiori, può essere consumato crudo in piccole quantità o aggiunto alle insalate.

Anche sapere dove trovare le piante commestibili è essenziale. Ambienti diversi supportano diversi tipi di piante, quindi comprendere il paesaggio può aiutarti a individuare più facilmente le opzioni commestibili. Nelle aree boschive si possono trovare frutti di bosco come more o lamponi, che crescono sui cespugli e sono ricchi di vitamine e antiossidanti. Nei prati o nei campi erbosi potresti imbatterti in verdure selvatiche come il cerastio e i quarti di agnello, che sono nutrienti e versatili. Le aree costiere forniscono piante commestibili uniche, tra cui alghe e finocchio marino, ad alto contenuto di minerali. Tuttavia, è importante foraggiarsi sempre in aree in cui è probabile che le piante siano pulite e prive di inquinamento. Evita di raccogliere piante vicino a strade trafficate, aree industriali o siti in cui potrebbero essere stati utilizzati pesticidi.

La sicurezza del foraggiamento è una parte fondamentale del processo. Quando raccogli, porta sempre con te una guida sul campo o un'app di identificazione delle piante per aiutarti a confermare le piante che incontri. Alcune piante hanno sosia tossiche, quindi è essenziale essere cauti. Ad esempio, le carote selvatiche assomigliano alla cicuta velenosa, che è mortale se ingerita. Presta attenzione a caratteristiche identificative specifiche come la forma delle foglie, la struttura dello stelo e il profumo della pianta, poiché spesso possono differenziare una pianta commestibile da una tossica. Se non sei sicuro di una pianta, è meglio non mangiarla. Inoltre, non consumare mai grandi quantità di piante selvatiche subito, poiché alcune persone potrebbero avere allergie o sensibilità a piante che non hanno mai mangiato prima. Un piccolo assaggio, in attesa di vedere se c'è qualche reazione, è un buon modo per avvicinarsi a nuovi cibi.

Durante la raccolta, è anche importante raccogliere in modo responsabile e sostenibile. Prendi solo ciò di cui hai bisogno ed evita di raccogliere l'intera pianta, soprattutto se si tratta di una pianta che impiega tempo per ricrescere, come certi funghi o bulbi. Il foraggiamento sostenibile garantisce che le piante continuino a prosperare nel loro ambiente naturale e rimangano disponibili per un uso futuro. Ad esempio, quando raccogli verdure selvatiche come il tarassaco o il cerastio, puoi raccogliere alcune foglie da ciascuna pianta invece di sradicare l'intera pianta. In questo modo, la pianta può continuare a crescere, avvantaggiando te e l'ecosistema.

Una volta raccolte le piante selvatiche, una preparazione adeguata può renderle sicure e piacevoli da mangiare. Alcune piante selvatiche devono essere cotte o messe in ammollo per rimuovere tossine o composti amari. Ad esempio, le ghiande delle querce possono essere un'ottima fonte di nutrimento, ma contengono tannini, che le rendono amare e possono disturbare lo stomaco. Per rendere commestibili le ghiande, è necessario metterle in ammollo o bollirle per eliminare i tannini. Questo processo potrebbe richiedere alcune ore o addirittura giorni, a seconda del metodo scelto. L'ortica è un'altra pianta comune che dovrebbe essere cotta prima di essere mangiata, poiché ha dei minuscoli peli che possono pungere la pelle. Tuttavia, una volta cotte, le ortiche perdono il loro pungiglione e diventano un ortaggio nutriente, simile agli spinaci, ricco di ferro e vitamine A e C.

Il foraggiamento può fornire numerosi benefici nutrizionali. Molte piante selvatiche sono altamente nutrienti e possono offrire vitamine, minerali e antiossidanti. I verdi di tarassaco, ad esempio, sono ricchi di vitamine A, C e K e sono una buona fonte di calcio e ferro. Le ortiche, che crescono in molte aree boschive ed erbose, sono particolarmente ricche di proteine per una pianta e contengono aminoacidi essenziali, rendendole un'ottima aggiunta a una dieta a base vegetale. I frutti di bosco come more e lamponi non sono solo gustosi ma anche ricchi di fibre, vitamine e antiossidanti che possono aiutare a ridurre l'infiammazione e sostenere il sistema immunitario.

Un altro vantaggio del foraggiamento è che introduce una maggiore varietà di cibi nella vostra dieta. Mangiando piante selvatiche, ottieni l'accesso a nutrienti unici che potrebbero non essere così abbondanti nelle colture coltivate. Ad esempio, i quarti di agnello, spesso considerati un'erbaccia, sono in realtà più nutrienti degli spinaci e contengono vitamine A, C e B6, oltre a calcio, magnesio e ferro. Aggiungere una varietà di piante selvatiche ai tuoi pasti può aiutarti a garantire un ampio spettro di nutrienti, il che è particolarmente prezioso in periodi in cui le risorse possono essere scarse.

Oltre al nutrimento fisico, il foraggiamento può essere benefico a livello mentale ed emotivo. Trascorrere del tempo nella natura, conoscere le piante e raccogliere il proprio cibo è un'esperienza gratificante che può aumentare il benessere mentale. Incoraggia una connessione più profonda con l'ambiente e favorisce un senso di autosufficienza, sapendo che puoi trovare cibo nell'ambiente circostante, se necessario.

Per sfruttare al meglio gli alimenti raccolti, prova a incorporarli in ricette familiari. Le verdure selvatiche come il cerastio o il dente di leone possono essere aggiunte a insalate, zuppe o frullati. Le bacche possono essere utilizzate nei dolci o essiccate per preparare snack che durano più a lungo. Molte piante selvatiche hanno sapori unici che possono migliorare la tua cucina, aggiungendo varietà alla tua dieta in modi creativi.

La ricerca di piante commestibili è un'abilità che unisce conoscenza, consapevolezza e rispetto per la natura. Imparando a identificare piante sicure e nutrienti, puoi espandere le tue opzioni alimentari e migliorare le tue capacità di sopravvivenza nei momenti di bisogno. La ricerca del cibo richiede pazienza, pratica e volontà di osservare e rispettare l'ambiente, ma può essere uno strumento prezioso per una vita sostenibile. Man mano che acquisisci esperienza, diventerai più sicuro nell'identificare e utilizzare le piante selvatiche, arricchendo sia i tuoi pasti che la tua connessione con il mondo naturale.

Allevamento di bestiame per le proteine

L'allevamento di bestiame su piccola scala può essere un modo sostenibile ed efficace per garantire una fonte proteica affidabile, soprattutto in tempi in cui le risorse alimentari potrebbero essere limitate. Animali come polli e conigli sono ideali per spazi più piccoli e possono essere allevati con costi relativamente bassi, fornendo sia nutrimento che un senso di autosufficienza. Questi animali possono essere gestiti con competenze e attenzione di base, il che li rende una scelta eccellente per individui e famiglie che desiderano aggiungere proteine fresche alla propria dieta in modo sostenibile. Capire come prendersi cura di questi animali, creare condizioni di vita adeguate e mantenere il loro ambiente sostenibile è la chiave per un allevamento di bestiame di successo.

I polli sono una delle scelte più popolari per l'allevamento su piccola scala grazie alla loro adattabilità, facilità di cura e capacità di produrre sia carne che uova. I polli non richiedono un grande spazio e con un piccolo stormo di tre o cinque polli puoi mantenere una fornitura costante di uova, che sono ricche di proteine e nutrienti essenziali come la vitamina B12 e la colina. Per mantenere i polli sani e produttivi, hanno bisogno di un pollaio sicuro che li protegga dai predatori e dalle intemperie e offra uno spazio sicuro dove dormire e deporre le uova. Il pollaio deve essere ben ventilato, pulito e abbastanza grande da consentire alle galline di muoversi comodamente. I polli hanno anche bisogno di un'area esterna sicura, spesso chiamata "corsa", dove possono grattare, beccare e cercare insetti, che fornisce nutrienti extra e li mantiene attivi.

Nutrire i polli con una dieta equilibrata è essenziale per la loro salute e produttività. I polli prosperano con un mix di cereali, verdure e fonti proteiche. Il mangime per polli commerciale è spesso integrato con gusci di ostriche frantumati o altre fonti di calcio per aiutare a produrre gusci d'uovo forti. Permettere ai polli di vagare e cercare cibo può essere utile, poiché troveranno insetti, semi e piante da mangiare. Anche gli avanzi della cucina, come le bucce delle verdure, possono essere offerti come regalo, ma è importante evitare di dare ai polli tutto ciò che potrebbe essere dannoso, come patate crude, cioccolato o cibi molto salati. Dovrebbe essere sempre disponibile acqua fresca e pulita, poiché senza di essa i polli possono rapidamente disidratarsi.

I conigli sono un'altra eccellente opzione per l'allevamento su piccola scala, soprattutto per quelli con spazio limitato. I conigli sono efficienti nel convertire gli alimenti di origine vegetale in proteine e non richiedono molto spazio, il che li rende la scelta ideale per le aree urbane o suburbane. I conigli possono essere allevati per la carne, che è magra e ricca di proteine, e il loro letame è anche un ottimo fertilizzante per i giardini. I conigli dovrebbero essere alloggiati in conigliere, ovvero rifugi rialzati che li proteggono dai predatori e li mantengono asciutti. Le conigliere dovrebbero essere costruite con una buona ventilazione e spazio sufficiente per consentire ai conigli di muoversi, e dovrebbero includere un'area di nidificazione per le femmine (conigli) per partorire.

I conigli seguono una dieta a base vegetale, mangiando principalmente fieno, che fornisce la fibra di cui hanno bisogno per una sana digestione. Amano anche le verdure a foglia verde, come cavoli, tarassaco e carote, che aggiungono vitamine e minerali alla loro dieta. Verdure fresche e pellet commerciali di coniglio possono essere aggiunti alla loro dieta per garantire che ricevano un apporto nutrizionale equilibrato. Evita di nutrire i conigli con cibi ricchi di zuccheri, come frutta o pane, poiché ciò può disturbare la loro digestione. Anche i conigli hanno bisogno di acqua fresca in ogni momento. Una bottiglia d'acqua attaccata alla conigliera può aiutare a garantire una fornitura d'acqua costante che non si rovesci facilmente o non venga contaminata.

L'allevamento sostenibile di bestiame, come polli e conigli, richiede attenzione all'impatto ambientale. È utile concentrarsi su metodi che riciclino le risorse e riducano al minimo gli sprechi. Ad esempio, polli e conigli producono entrambi letame che può essere utilizzato come fertilizzante nei giardini, migliorando la fertilità del suolo e riducendo la necessità di fertilizzanti chimici. Se gestiti correttamente, i loro rifiuti possono essere compostati per creare un terreno ricco di sostanze nutritive per la coltivazione di verdure e altre piante, creando un ciclo di sostenibilità in cui le piante nutrono gli animali e gli animali nutrono il suolo. Inoltre, le attività di allevamento su piccola scala possono utilizzare le risorse naturali in modo efficiente incorporando pratiche come la raccolta dell'acqua piovana per l'acqua potabile degli animali o l'utilizzo degli scarti vegetali avanzati dalla cucina per integrare la dieta degli animali.

Mantenere il bestiame sano è essenziale per una produzione sostenibile. Polli e conigli sono generalmente resistenti, ma necessitano comunque di controlli sanitari regolari per prevenire le malattie. Per i polli, è importante prestare attenzione a problemi comuni come parassiti, infezioni respiratorie e problemi di deposizione delle uova. Pulire regolarmente il pollaio, assicurarsi che abbia lettiera fresca e, occasionalmente, spolverarlo con terra di diatomee può aiutare a controllare i parassiti. Per i conigli, mantenere pulita la conigliera e fornire loro giocattoli da masticare adeguati può prevenire problemi dentali, un problema comune per i conigli, i cui denti crescono continuamente.

In qualsiasi azienda zootecnica su piccola scala, garantire il benessere degli animali dovrebbe essere una priorità. Polli e conigli sono animali sociali e possono stressarsi se vengono isolati o tenuti in condizioni anguste. Ai polli piace far parte di uno stormo e sono più felici quando possono interagire con altri polli. Anche i conigli apprezzano la compagnia e può essere utile tenere insieme una coppia di conigli legati. Fornire arricchimenti, come trespoli e bagni di polvere per i polli e giocattoli da masticare e tunnel per i conigli, aiuta a mantenerli stimolati mentalmente e fisicamente.

I benefici derivanti dall'allevamento di bestiame come polli e conigli vanno oltre il semplice apporto di proteine. Prendersi cura di questi animali può essere un'esperienza educativa, soprattutto per i bambini, insegnando loro la responsabilità, la compassione e il valore della produzione alimentare. Inoltre, l'allevamento su piccola scala mette in contatto le persone con la natura e favorisce l'apprezzamento per l'impegno e le risorse necessarie alla produzione di cibo.

Mantenere un'attività sostenibile significa anche prepararsi alla cura a lungo termine dei propri animali. Ciò include la pianificazione di situazioni in cui le forniture alimentari potrebbero essere interrotte, ad esempio durante emergenze o problemi della catena di approvvigionamento. Imparare a coltivare il foraggio, come l'erba di grano, può essere un modo efficace per fornire verdure fresche ai tuoi animali se il mangime commerciale non è disponibile. Conservare il fieno essiccato per conigli e sacchi extra di mangime per polli può aiutare a garantire che i tuoi animali rimangano ben nutriti e sani nel tempo.

L'allevamento di polli e conigli come bestiame su piccola scala fornisce una fonte affidabile di proteine e aiuta a promuovere uno stile di vita sostenibile e autosufficiente. Con le giuste pratiche di cura, alloggio e alimentazione, questi animali possono prosperare, fornendo cibo nutriente e contribuendo positivamente all'ecosistema domestico. Integrando il bestiame con il compostaggio del giardino e un'attenta gestione delle risorse, puoi creare un ciclo che riduce al minimo gli sprechi, arricchisce il suolo e sfrutta al massimo le risorse a portata di mano.

CAPITOLO 3

Tecniche di conservazione degli alimenti per i prepper

Disidratazione ed essiccazione

La disidratazione e l'essiccazione sono tra le tecniche di conservazione degli alimenti più antiche e affidabili e offrono un modo pratico per preparare gli alimenti per la conservazione a lungo termine. Questo metodo prevede la rimozione dell'umidità da alimenti come frutta, verdura e carne, rendendo difficile la crescita di batteri, muffe e altri microrganismi. Il risultato è un cibo che può durare per mesi o addirittura anni senza refrigerazione, una considerazione essenziale per i prepper e per coloro che desiderano creare un approvvigionamento alimentare sostenibile.

Per disidratare il cibo puoi utilizzare diversi metodi, tra cui l'uso di un essiccatore, di un forno o, in alcuni climi, anche del sole. Un disidratatore è uno dei modi più efficienti ed efficaci per essiccare gli alimenti. Utilizza un calore basso e controllato e una ventola per far circolare l'aria attorno al cibo, estraendo gradualmente l'umidità senza cuocere il cibo. Gli essiccatori sono dotati di vassoi che consentono di distribuire frutta, verdura o fette sottili di carne in uno strato uniforme, favorendo un'essiccazione uniforme. L'impostazione della temperatura e dei tempi dipende dal tipo di alimento; ad esempio, frutta e verdura potrebbero richiedere temperature più basse, mentre la carne per la carne secca potrebbe richiedere un'impostazione più alta per garantire un'essiccazione sicura.

Anche i forni sono comunemente usati per la disidratazione, sebbene non siano efficienti dal punto di vista energetico come gli essiccatori e potrebbero richiedere maggiore attenzione. Per disidratare il cibo in un forno, è possibile impostarlo a una temperatura bassa (di solito intorno ai 60 °C o 140 °F), adagiare il cibo su teglie e tenere la porta del forno leggermente aperta per far uscire l'umidità e consentire il flusso d'aria. Tuttavia, non tutti i forni hanno impostazioni precise per la bassa temperatura, quindi è essenziale monitorare attentamente il cibo per evitare che si secchi eccessivamente o si bruci. Può anche richiedere più tempo di un essiccatore, il che potrebbe rendere il processo meno pratico per grandi lotti di cibo.

Nei climi caldi, soleggiati e secchi, l'essiccazione al sole può essere un modo efficace per disidratare il cibo in modo naturale. Per l'essiccazione al sole, alimenti come frutta e verdura possono essere posizionati su griglie o vassoi e esposti in un luogo esposto alla luce solare diretta. Per tenere lontani gli insetti, potresti coprire il cibo con una rete sottile o una garza. Tuttavia, l'essiccazione al sole richiede diversi giorni di clima caldo e secco e deve essere monitorata attentamente. È più adatto per aree con bassa umidità, poiché un'elevata umidità nell'aria può rallentare o addirittura impedire un'adeguata asciugatura, aumentando il rischio di muffe o deterioramento.

I benefici della disidratazione vanno oltre il semplice prolungamento della durata di conservazione degli alimenti. Gli alimenti disidratati conservano gran parte del loro valore nutrizionale, soprattutto se essiccati a temperature più basse. La maggior parte della frutta e della verdura conserva fibre, vitamine e minerali, rendendoli una scelta nutriente per la conservazione a lungo termine. Sebbene alcune vitamine sensibili al calore, come la vitamina C, possano degradarsi leggermente durante il processo di essiccazione, gli alimenti essiccati offrono comunque un elevato livello di nutrimento, rendendoli eccellenti opzioni per le scorte alimentari di emergenza. Inoltre, gli alimenti disidratati sono leggeri e occupano molto meno spazio rispetto agli alimenti freschi, rendendoli convenienti da conservare in spazi limitati o da trasportare durante le emergenze.

La frutta disidratata è un'opzione popolare per molti prepper per il suo gusto, valore nutrizionale e versatilità. Frutta come mele, banane, mango e frutti di bosco possono essere essiccati e consumati come snack, reidratati per cucinare o aggiunti a miscele di tracce per una spinta nutriente. La frutta secca conserva gran parte della sua dolcezza e del suo sapore naturali, rendendola una scelta alimentare popolare sia per i bambini che per gli adulti. Per disidratare la frutta, lavala accuratamente, rimuovi eventuali semi o noccioli e tagliala a pezzi uniformi per garantire un'asciugatura uniforme. Alcuni frutti possono scurirsi una volta essiccati, quindi se vuoi mantenere il loro colore puoi immergerli in una soluzione di succo di limone e acqua prima di asciugarli.

Le verdure sono adatte anche alla disidratazione e possono essere reidratate per zuppe, stufati e sformati. Alcune verdure comunemente essiccate includono carote, peperoni, pomodori e fagiolini. Per preparare le verdure all'essiccazione, lavarle e tagliarle a pezzi regolari. Sbollentare o bollire brevemente le verdure prima di asciugarle può aiutare a mantenere colore, consistenza e sostanze nutritive. Una volta essiccate, le verdure possono essere conservate in contenitori ermetici e reidratate immergendole in acqua prima della cottura.

Disidratare la carne è un'altra abilità preziosa per i prepper, poiché fornisce una fonte proteica che può essere conservata per lunghi periodi senza refrigerazione. La carne secca, spesso definita carne secca, può essere preparata con vari tipi di carne, tra cui manzo, pollo e tacchino. La chiave per preparare carne secca sicura e di lunga durata è utilizzare tagli di carne magri, poiché il grasso può irrancidire nel tempo. Prima dell'essiccazione, la carne deve essere privata del grasso visibile, tagliata a fette sottili e, se lo si desidera, marinata. Un metodo comune per disidratare la carne consiste nell'utilizzare un disidratatore impostato ad alta temperatura per uccidere eventuali batteri, garantendo che la carne sia sicura per il consumo. Il risultato è un alimento ricco di nutrienti che può essere consumato come spuntino o aggiunto a zuppe e stufati per gusto e proteine extra.

La corretta conservazione degli alimenti disidratati è essenziale per preservarne la qualità e la longevità. Una volta che il cibo è completamente asciugato, è necessario lasciarlo raffreddare completamente prima di trasferirlo nei contenitori di conservazione. I contenitori ermetici, come barattoli di vetro, sacchetti sottovuoto o sacchetti di Mylar con assorbitori di ossigeno, funzionano bene per mantenere l'umidità fuori. Conservare il cibo disidratato in un luogo fresco e buio, come una dispensa o un ripostiglio, può anche aiutare a prevenire il deterioramento e prolungare la durata di conservazione.

Gli alimenti disidratati possono durare da diversi mesi ad alcuni anni, a seconda di quanto bene vengono essiccati e conservati. Frutta e verdura durano generalmente circa un anno, mentre la carne essiccata e le altre carni essiccate vengono consumate al meglio entro tre-sei mesi. Conservare il cibo in un ambiente stabile, fresco e lontano dalla luce solare può prolungarne la durata di conservazione, ed è una buona pratica controllare regolarmente il cibo conservato per eventuali segni di deterioramento, come muffe o cambiamenti nella consistenza.

Oltre a conservare gli alimenti disidratati per le emergenze, questi articoli possono essere utilizzati nei pasti di tutti i giorni, il che aiuta a ruotare le scorte di cibo e garantisce che rimangano fresche. La frutta disidratata può essere aggiunta a cereali, farina d'avena o prodotti da forno, mentre le verdure essiccate possono esaltare il sapore e le proprietà nutritive di zuppe e sformati. La carne secca può essere consumata da sola o utilizzata per aggiungere proteine ai piatti. Incorporando regolarmente cibi disidratati nei tuoi pasti, puoi acquisire familiarità con i loro sapori e consistenze e imparare modi creativi per prepararli.

La disidratazione e l'essiccazione sono metodi versatili ed efficienti dal punto di vista energetico per conservare gli alimenti per la conservazione a lungo termine. Con metodi come l'utilizzo di un essiccatore, un forno o l'essiccazione al sole, puoi disidratare un'ampia gamma di alimenti, dalla frutta e verdura alla carne, conservando gran parte del loro valore nutrizionale. Questa tecnica non solo garantisce che il cibo rimanga commestibile per periodi prolungati, ma fornisce anche una soluzione comoda e salvaspazio per le scorte alimentari di emergenza. Controllando la disidratazione, puoi assicurarti che tu e la tua famiglia abbiate accesso a nutrienti e sapori essenziali, anche nei momenti difficili.

Inscatolamento e decapaggio

L'inscatolamento e il decapaggio sono due modi efficaci per conservare il cibo, particolarmente utili per garantire che i prodotti freschi, le carni e altri alimenti rimangano sicuri e nutrienti per lunghi periodi. Questi metodi consentono di conservare gli alimenti a temperatura ambiente, liberando spazio nel frigorifero e nel congelatore. L'inscatolamento e il decapaggio sono abilità pratiche che possono aiutarti a creare una dispensa fornita di cibi conservati che puoi utilizzare in caso di emergenza o ogni volta che ne hai bisogno.

L'inscatolamento funziona mettendo il cibo in barattoli e riscaldandolo per uccidere batteri, lieviti e muffe che possono causare deterioramento. Questo processo di riscaldamento rimuove anche l'aria, creando una chiusura sottovuoto che mantiene il cibo al sicuro da contaminanti. Per iniziare a inscatolare, hai bisogno di alcuni materiali essenziali: barattoli con coperchi e fascette, una grande pentola per bollire o un contenitore a pressione, un imbuto, sollevatori di barattoli e un asciugamano pulito. I barattoli sono disponibili in diverse dimensioni, ma per i principianti vengono comunemente usati barattoli da un quarto e una pinta.

Esistono due metodi principali di inscatolamento: l'inscatolamento a bagnomaria e l'inscatolamento a pressione. L'inscatolamento a bagnomaria è ideale per alimenti ad alto contenuto di acido come frutta, sottaceti e marmellate. In questo metodo, i barattoli vengono immersi in acqua bollente e il calore dell'acqua bollente uccide i microrganismi e crea un sigillo. L'inscatolamento a pressione, d'altra parte, è necessario per gli alimenti a basso contenuto di acido come verdure, carne e fagioli. Questi alimenti richiedono una temperatura più elevata di quella fornita dall'acqua bollente per eliminare i batteri e le spore che possono causare il botulismo, una malattia di origine alimentare rara ma grave. Un contenitore a pressione riscalda il cibo a temperature superiori al punto di ebollizione, rendendolo più sicuro per la conservazione di alimenti a bassa acidità.

Per avviare il processo di inscatolamento a bagnomaria, pulisci accuratamente i barattoli, quindi prepara il cibo che intendi conservare seguendo una ricetta. Ad esempio, se vuoi conservare i pomodori, sbollentali in acqua bollente per qualche minuto, quindi rimuovi la buccia. Metti il cibo preparato nei barattoli, lasciando una piccola quantità di spazio nella parte superiore, noto come spazio di testa, per consentire l'espansione mentre il cibo si riscalda. Aggiungere eventuali liquidi necessari, come sciroppi o salamoie, a seconda del cibo. Pulisci i bordi dei barattoli con un panno pulito per garantire una buona chiusura, quindi posiziona i coperchi e avvita le fascette finché non sono quasi strette con la punta delle dita.

Successivamente, posiziona i barattoli nel contenitore del bagnomaria, assicurandoti che siano completamente immersi nell'acqua. Riscalda l'acqua a ebollizione e mantienila per il tempo specificato nella ricetta. Dopo la lavorazione, utilizzare un sollevatore per barattoli per rimuovere con attenzione i barattoli dall'acqua. Mettili su un asciugamano pulito a raffreddare e lasciali indisturbati per 12-24 ore. Saprai che i barattoli sono sigillati correttamente se i coperchi non si aprono quando vengono premuti. Una volta freddi, etichettate e conservate i barattoli in un luogo fresco e buio. Il cibo in scatola correttamente può durare un anno o più, a seconda delle condizioni di conservazione e del tipo di cibo.

Il decapaggio, un'altra tecnica di conservazione, prevede l'ammollo del cibo in una soluzione di aceto, sale e acqua. L'acidità dell'aceto aiuta a prevenire la crescita di batteri nocivi, mentre il sale aiuta a rimuovere l'umidità dal cibo, creando un ambiente ostile agli organismi deterioranti. Molte verdure possono essere messe in salamoia, inclusi cetrioli, carote, fagiolini e peperoni, ma anche frutti come pesche o mele possono essere marinati per ottenere sapori unici.

Per iniziare il salamoia, raccogli gli ingredienti necessari: frutta o verdura fresca, aceto, sale, acqua e tutte le erbe o spezie che desideri aggiungere per insaporire, come aneto, aglio, pepe in grani o semi di senape. Pulisci i barattoli che utilizzerai e lava accuratamente i prodotti. Affetta o trita la verdura o la frutta nelle forme desiderate, come lance, fette o intere per oggetti più piccoli come i cetrioli.

Quindi, prepara la salamoia unendo aceto, acqua e sale in una pentola. L'aceto bianco è comunemente usato per il decapaggio perché ha un livello di acidità costante, ma anche l'aceto di mele o l'aceto di riso possono aggiungere sapori unici. Riscalda la miscela finché il sale non si scioglie e, se aggiungi le spezie, puoi farle cuocere brevemente nella salamoia per esaltarne il sapore. Riempi i barattoli puliti con la frutta o la verdura, imballandoli ermeticamente ma senza schiacciarli. Versare la salamoia calda sui prodotti, lasciando circa mezzo pollice di spazio in alto. Pulisci i bordi dei barattoli per garantire una corretta chiusura, quindi posiziona i coperchi e avvita le fascette.

Dopo il riempimento, i barattoli possono essere conservati in frigorifero per sottaceti veloci o lavorati in un contenitore a bagnomaria per sottaceti stabili a scaffale. I sottaceti veloci, o sottaceti da frigorifero, non richiedono bollitura e possono essere consumati entro pochi giorni, ma devono essere conservati in frigorifero e consumati entro poche settimane. Per i sottaceti stabili, cuocere i vasetti a bagnomaria bollente per 10-15 minuti, a seconda della ricetta. Una volta che i barattoli si saranno raffreddati e i coperchi saranno sigillati, potrete conservarli in un luogo fresco e buio.

La sicurezza è fondamentale nell'inscatolamento e nel decapaggio, poiché gli alimenti trattati in modo improprio possono portare a malattie di origine alimentare. Segui sempre ricette e linee guida affidabili, poiché l'inscatolamento e il decapaggio richiedono livelli di acido e tempi di lavorazione specifici per essere efficaci. Se sei nuovo a questi metodi, inizia con ricette semplici e sperimenta gradualmente man mano che acquisisci sicurezza ed esperienza. Attrezzature adeguate, mani pulite e seguire ricette esatte sono fondamentali per garantire che il cibo conservato sia sicuro da mangiare.

Anche l'inscatolamento e il decapaggio forniscono benefici nutrizionali, poiché aiutano a trattenere vitamine e minerali essenziali negli alimenti. Ad esempio, le verdure in scatola conservano molti dei loro nutrienti originali, come fibre e vitamine, soprattutto se vengono lavorate subito dopo essere state raccolte. Mentre alcune vitamine sensibili al calore come la vitamina C possono essere leggermente ridotte durante il processo di inscatolamento, il valore nutrizionale complessivo degli alimenti in scatola rimane elevato. Gli alimenti in salamoia possono fornire probiotici benefici, soprattutto se fermentati naturalmente. Tuttavia, gli alimenti in scatola e in salamoia offrono anche una fonte affidabile di cibo in caso di emergenza, consentendo l'accesso a verdure, frutta e persino carne quando il cibo fresco non è disponibile.

Sperimentare con l'inscatolamento e il decapaggio ti consente di gustare una varietà di sapori che spesso mancano ai prodotti in scatola acquistati in negozio. Gli articoli in scatola e in salamoia fatti in casa possono essere personalizzati con erbe, spezie e condimenti, creando cibi nutrienti e deliziosi. Rifornendo la tua dispensa con un mix di prodotti in scatola e in salamoia, avrai una fornitura diversificata di cibi conservati che possono essere gustati da soli o aggiunti ai pasti.

L'inscatolamento e il decapaggio sono competenze preziose per i prepper e per chiunque sia interessato alla conservazione degli alimenti a lungo termine. Questi metodi non solo offrono soluzioni pratiche per prolungare la durata di conservazione degli alimenti, ma contribuiscono anche a un approvvigionamento alimentare completo e sostenibile. Con un po' di pratica, puoi creare una scorta di cibi nutrienti e gustosi che saranno pronti ogni volta che ne avrai bisogno.

Congelamento e Sottovuoto

Il congelamento e la sigillatura sottovuoto sono metodi altamente efficaci per conservare il cibo per lunghi periodi mantenendo gran parte della sua freschezza, sapore e valore nutrizionale. Questi metodi aiutano a proteggere gli alimenti dal deterioramento e prolungano la durata di conservazione rallentando la crescita di batteri, lieviti e muffe. Inoltre prevengono l'ossidazione, che può causare la perdita di nutrienti e sapore del cibo nel tempo. Sapere come congelare e mettere sottovuoto correttamente gli alimenti può fare una grande differenza sia nella qualità che nella quantità degli alimenti che puoi conservare.

Il congelamento è uno dei metodi più semplici di conservazione degli alimenti. Funziona riducendo la temperatura del cibo a livelli in cui i batteri e altri organismi che causano il deterioramento non sono in grado di crescere. Quasi ogni tipo di cibo può essere congelato, compresi frutta, verdura, carne, cereali e piatti pronti. Tuttavia, alcuni alimenti si congelano meglio di altri ed è essenziale prepararli correttamente per evitare bruciature da congelamento o cambiamenti di consistenza. L'ustione da congelatore si verifica quando il cibo viene esposto all'aria nel congelatore, provocandone la disidratazione e la formazione di zone ghiacciate. Sebbene il cibo bruciato dal congelatore sia sicuro da mangiare, la sua consistenza e il suo sapore potrebbero risentirne.

Una delle chiavi per un congelamento efficace è l'utilizzo di contenitori ermetici o sacchetti per congelatore di alta qualità. I contenitori rigidi con coperchio funzionano bene per liquidi come zuppe e salse, mentre i sacchetti di plastica per congelatore sono ottimi per conservare carne e verdure. Quando usi i sacchetti per il congelatore, cerca di rimuovere quanta più aria possibile prima di sigillarli, poiché ciò riduce il rischio di bruciature da congelamento. Puoi far uscire l'aria con le mani o usare una cannuccia per aspirare l'aria rimanente, il che aiuterà a mantenere la qualità del cibo. Inoltre, etichetta ogni confezione con la data e il contenuto, poiché ciò rende più facile tenere traccia di quanto tempo ciascun articolo è rimasto nel congelatore.

Anche sbollentare le verdure prima del congelamento può aiutare a preservarne il colore, il sapore e le sostanze nutritive. Lo sbollentamento prevede la bollitura breve delle verdure e poi l'immersione in acqua ghiacciata per interrompere il processo di cottura. Questo passaggio rallenta l'attività enzimatica che può causare la perdita di sapore, colore e consistenza nel tempo. Ad esempio, i fagiolini, i broccoli e le carote traggono tutti beneficio dalla sbollentatura prima del congelamento. Per sbollentare le verdure, portare a ebollizione una pentola d'acqua, aggiungere le verdure per un breve periodo (di solito pochi minuti), quindi spostarle rapidamente in una ciotola di acqua ghiacciata. Dopo che si sono raffreddati, asciugateli accuratamente e confezionateli per il congelatore.

La sigillatura sottovuoto è un altro ottimo modo per prolungare la durata di conservazione degli alimenti congelati rimuovendo l'aria dalla confezione. L'aria contiene ossigeno, che può causare il deterioramento degli alimenti, quindi sigillando sottovuoto è possibile creare un ambiente quasi privo di aria che aiuta a prevenire le bruciature da congelamento e mantiene la consistenza, il colore e il sapore del cibo per periodi più lunghi. Le macchine sottovuoto sono dispositivi che aspirano l'aria da sacchetti o contenitori appositamente progettati e poi li sigillano ermeticamente. L'utilizzo di sacchetti sottovuoto rende la conservazione degli alimenti congelati più compatta, contribuendo a massimizzare lo spazio nel congelatore.

Quando metti sottovuoto, assicurati che il cibo sia il più asciutto possibile, poiché troppa umidità può rendere più difficile ottenere una buona sigillatura. Ad esempio, se vuoi sigillare dei frutti di bosco freschi, stendili su una teglia e congelali singolarmente prima di metterli sottovuoto. Ciò impedisce loro di raggrupparsi e aiuta a mantenere la loro forma. Per articoli come carne, pesce o anche avanzi, la sigillatura sottovuoto ne mantiene la freschezza, consentendone la conservazione per mesi e anche fino a un anno senza una significativa perdita di qualità.

Quando si congela e si mette sottovuoto, è utile considerare anche le dimensioni delle porzioni. Congelare il cibo in porzioni grandi quanto un pasto può facilitare lo scongelamento della giusta quantità per un pasto, riducendo gli sprechi. Ad esempio, la carne macinata può essere separata in porzioni più piccole prima del congelamento, consentendoti di scongelare solo ciò di cui hai bisogno. Lo stesso vale per frutta, verdura o zuppe: congelali in quantità corrispondenti alle porzioni che usi abitualmente.

Un altro consiglio per un congelamento efficace è evitare di sovraccaricare il congelatore. Quando si mettono troppi alimenti caldi contemporaneamente nel congelatore, la temperatura può aumentare, il che può influire sulla qualità degli altri alimenti già conservati lì. Se hai molto da conservare, congela gli alimenti in lotti, consentendo a ciascun lotto di congelarsi completamente prima di aggiungerne altro. Ciò aiuta a mantenere la temperatura ottimale all'interno del congelatore, garantendo che tutti gli alimenti si congelino il più rapidamente possibile.

Sia il congelamento che la sigillatura sottovuoto aiutano a preservare il contenuto nutrizionale degli alimenti. A differenza dell'inscatolamento, che richiede calore che può ridurre alcune vitamine sensibili, il congelamento mantiene i nutrienti vicini ai loro livelli originali. La sigillatura sottovuoto migliora questo effetto prevenendo l'ossidazione, che può degradare alcune vitamine, in particolare la vitamina C. Le verdure a foglia verde, ad esempio, conservano la maggior parte delle vitamine e dei minerali quando congelate e sigillate sottovuoto, rendendole una buona scelta per la conservazione a lungo termine. .

Anche l'organizzazione dei congelatori può svolgere un ruolo nel mantenimento della qualità degli alimenti. Conserva gli alimenti più nuovi sul retro del congelatore e quelli più vecchi nella parte anteriore, in modo da poter utilizzare prima quelli più vecchi e ridurre il rischio che scadano. Organizzare e inventariare regolarmente il tuo congelatore può aiutarti a tenere traccia di ciò che hai ed evitare di dimenticare gli oggetti per troppo tempo. Gli alimenti surgelati possono conservarsi per mesi o addirittura anni, ma la qualità è migliore se utilizzati entro un periodo di tempo ragionevole.

Per famiglie o gruppi, congelare i pasti pronti può far risparmiare tempo e fatica in situazioni di emergenza. Zuppe, stufati, sformati e carni cotte sono tutti ottimi candidati per il congelamento, poiché possono essere riscaldati rapidamente per un pasto nutriente e pronto da mangiare. Per congelare gli alimenti preparati, lasciarli raffreddare completamente prima di riporli in contenitori adatti al congelatore o in sacchetti sottovuoto. Rimuovere quanta più aria possibile eviterà la formazione di cristalli di ghiaccio sul cibo, preservandone il gusto e la consistenza.

Oltre al congelamento, la sigillatura sottovuoto può essere utile anche per la conservazione non refrigerata di alimenti secchi come riso, pasta e fagioli. Se sigillati sottovuoto e conservati in un luogo fresco e buio, questi alimenti possono durare per anni, rendendoli ideali per le scorte alimentari di emergenza. Il processo di sigillatura sottovuoto impedisce ai parassiti e all'umidità di intaccare i prodotti secchi, prolungandone la durata di conservazione.

Il congelamento e la sigillatura sottovuoto sono metodi pratici e affidabili per conservare gli alimenti per un uso a lungo termine, soprattutto in preparazione alle emergenze. Questi metodi richiedono una lavorazione minima e mantengono gran parte del sapore, della consistenza e del valore nutrizionale originali del cibo. Che tu stia conservando le verdure del tuo orto, acquistando carne sfusa o preparando piatti pronti, imparare a congelare e mettere sottovuoto in modo efficace può aiutarti a creare una scorta alimentare sostenibile pronta ogni volta che ne hai bisogno.

CAPITOLO 4

Elementi essenziali per fare scorte per una dieta equilibrata

Selezione di articoli non deperibili

Quando si tratta di prepararsi per le emergenze, fare scorta di prodotti alimentari non deperibili è essenziale per garantire l'accesso a pasti nutrienti anche se il cibo fresco scarseggia. Gli alimenti non deperibili sono quelli che non si deteriorano rapidamente e possono essere conservati per lunghi periodi senza refrigerazione. Selezionando opzioni ricche di nutrienti, puoi costruire una dieta equilibrata che fornisca vitamine, minerali, proteine ed energia essenziali per sostenerti durante i periodi di crisi. Questa sezione ti guiderà nella scelta degli articoli migliori per la tua scorta, concentrandoti su alimenti che siano di lunga durata e ricchi di sostanze nutritive per mantenerti in salute.

I cereali sono una delle categorie più importanti di alimenti non deperibili da considerare perché forniscono carboidrati, che sono una fonte primaria di energia. I cereali integrali come riso integrale, quinoa, avena e prodotti integrali sono particolarmente utili perché contengono più fibre, vitamine e minerali rispetto ai cereali raffinati. Il riso integrale, ad esempio, è un'ottima fonte di manganese, magnesio e fibre, mentre l'avena fornisce una fonte di fibre e proteine salutare per il cuore. I cereali integrali hanno anche una durata di conservazione più lunga di quanto la maggior parte delle persone creda, soprattutto se conservati correttamente in contenitori ermetici. Per lo stoccaggio di emergenza, considera di investire in secchi di stoccaggio per alimenti o sacchetti in Mylar con assorbitori di ossigeno, che possono prolungare la durata di conservazione dei cereali per anni.

Fagioli e legumi sono un altro componente essenziale di una scorta equilibrata perché sono ricchi di proteine, fibre e varie vitamine e minerali. A differenza delle proteine di origine animale, fagioli e legumi possono essere conservati senza refrigerazione, rendendoli una fonte proteica affidabile durante le emergenze. Opzioni come fagioli neri, lenticchie, ceci e fagioli rossi sono ricche di nutrienti e forniscono ferro, magnesio, acido folico e potassio. I fagioli in scatola sono convenienti perché sono già cotti e possono essere mangiati direttamente dalla lattina, mentre i fagioli secchi sono leggeri e occupano meno spazio di conservazione. Sebbene i fagioli secchi richiedano ammollo e cottura, sono altamente economici e forniscono una quantità significativa di nutrimento per il costo.

I prodotti in scatola svolgono un ruolo cruciale in qualsiasi scorta di emergenza grazie alla loro praticità, lunga durata e varietà. Quando scegli gli alimenti in scatola, cerca opzioni ricche di nutrienti che forniscano vitamine e minerali essenziali per una dieta equilibrata. Il pesce in scatola come il salmone, il tonno e le sardine sono eccellenti fonti proteiche e forniscono acidi grassi omega-3, essenziali per la salute del cuore e del cervello. Le sardine, ad esempio, sono anche ricche di calcio, soprattutto se contengono le lische. Inoltre, le verdure in scatola come spinaci, pomodori e carote possono offrire importanti vitamine come A, C e K. La frutta in scatola nel loro succo naturale o in acqua è un'altra opzione preziosa, poiché fornisce vitamina C, che può aiutare a prevenire carenze e mantenere salute immunitaria. Sii cauto con i prodotti in scatola ricchi di sodio o di zuccheri aggiunti, poiché troppi di questi possono influire negativamente sulla salute nel tempo.

Noci e semi sono fantastici per fare scorta perché sono ricchi di grassi sani, proteine e nutrienti essenziali come vitamina E, magnesio e zinco. Opzioni come mandorle, noci, semi di girasole e semi di chia sono ricche di calorie e forniscono un buon mix di macronutrienti per farti sentire pieno ed energico. Ad esempio, le mandorle offrono proteine e vitamina E, mentre i semi di chia sono ricchi di acidi grassi omega-3, fibre e antiossidanti. Sebbene noci e semi abbiano una durata di conservazione più breve rispetto ad altri prodotti non deperibili a causa dei loro oli naturali, possono durare diversi mesi in un luogo fresco e buio o anche di più se conservati in contenitori ermetici nel congelatore. Anche i burri di noci, come il burro di arachidi o di mandorle, sono ottime aggiunte a una scorta di emergenza poiché sono stabili, ricchi di calorie e versatili.

Il latte in polvere e le alternative al latte a lunga conservazione, come il latte di mandorle o il latte di soia, possono essere molto utili durante le emergenze, soprattutto per le famiglie con bambini piccoli che possono fare affidamento sul latte come parte della loro dieta. Il latte in polvere fornisce calcio, proteine e vitamina D e può essere ricostituito con acqua per sostituire il latte fresco nelle ricette o come bevanda. Le alternative al latte stabili possono essere conservate a temperatura ambiente fino all'apertura e offrono una fonte di calcio, vitamina D e, a seconda del tipo, vitamine aggiuntive come la B12. Queste alternative al latte sono utili anche per coloro che sono intolleranti al lattosio o preferiscono opzioni a base vegetale.

Pasta e noodles sono carboidrati facili da conservare e di lunga durata che possono essere utilizzati in un'ampia varietà di pasti. Mentre la pasta normale va bene, la pasta integrale offre più fibre e sostanze nutritive. La pasta è facile da cucinare e può essere combinata con verdure in scatola, fagioli o altri ingredienti della tua scorta per creare un pasto equilibrato e abbondante. Prendi in considerazione l'aggiunta di altre opzioni a base di cereali, come il cous cous o il riso istantaneo, che cuociono rapidamente e sono convenienti per le situazioni in cui le risorse per cucinare possono essere limitate.

Frutta e verdura disidratate o liofilizzate sono eccellenti aggiunte a una scorta non deperibile, poiché conservano la maggior parte dei loro nutrienti e possono durare per anni se conservate correttamente. Gli alimenti disidratati sono leggeri, occupano poco spazio e sono semplici da reidratare aggiungendo acqua. Le opzioni liofilizzate, in particolare, tendono ad avere una consistenza e un sapore migliori quando ricostituite. Le scelte più comuni includono mele liofilizzate, fragole, fagiolini e piselli, che sono tutti ricchi di vitamine e minerali e possono essere aggiunti ai pasti o consumati come spuntini. Le verdure essiccate come i fiocchi di cipolla, i peperoni o gli spinaci sono utili per aggiungere sapore e sostanze nutritive ai piatti cucinati.

Erbe, spezie e condimenti essenziali come sale, pepe, aglio in polvere ed erbe essiccate sono spesso trascurati, ma sono preziosi per rendere i pasti di emergenza più piacevoli e nutrienti. Spezie come la curcuma, lo zenzero e il pepe di cayenna apportano benefici per la salute, come proprietà antinfiammatorie, e possono esaltare il sapore anche dei pasti più semplici. Inoltre, il sale iodato è un'importante fonte di nutrienti per lo iodio, che supporta la funzione tiroidea, rendendolo utile nelle scorte di emergenza.

Oli e grassi sono fondamentali per una dieta equilibrata, poiché forniscono acidi grassi essenziali e aiutano il corpo ad assorbire determinate vitamine. L'olio d'oliva, l'olio di cocco e il burro chiarificato sono buone scelte perché hanno una durata di conservazione relativamente lunga rispetto ad altri oli. Il burro chiarificato, o burro chiarificato, ha una durata di conservazione molto lunga, soprattutto se conservato in un luogo fresco e buio. Questi grassi possono essere utilizzati in cucina, aggiunti ai pasti per ottenere calorie extra e persino utilizzati come combustibile per piccoli fornelli in caso di emergenza.

I dolcificanti, come il miele e lo sciroppo d'acero, possono aggiungere sapore al cibo e fornire energia rapida. Il miele, in particolare, ha una durata indefinita se conservato correttamente e possiede proprietà antibatteriche. Sebbene non sia una necessità nutrizionale, una piccola scorta di miele può essere utile come dolcificante naturale e può rendere più piacevoli i cibi di emergenza.

Selezionando attentamente questi prodotti alimentari non deperibili, puoi creare una scorta di emergenza a tutto tondo che fornisce un'alimentazione equilibrata per mantenerti sano ed energico. Ogni articolo nella tua scorta dovrebbe avere uno scopo, fornendo nutrienti essenziali che ti sosterranno in situazioni difficili. Con una corretta conservazione e un'attenta selezione di alimenti, sarai ben preparato per qualsiasi emergenza possa capitarti.

Conservazione degli integratori essenziali

In caso di emergenza, può essere difficile ottenere tutte le vitamine e i minerali di cui il tuo corpo ha bisogno solo dal cibo non deperibile. Mentre una scorta di cibo ben pianificata può fornire la maggior parte dei nutrienti essenziali, alcune vitamine e minerali possono essere più difficili da ottenere, soprattutto per un periodo prolungato. È qui che entrano in gioco gli integratori alimentari. Gli integratori possono aiutare a colmare le lacune nutrizionali nel tuo piano alimentare di emergenza, garantendo al tuo corpo i nutrienti di cui ha bisogno per rimanere forte e sano. Conservando gli integratori giusti, puoi sostenere il tuo sistema immunitario, mantenere alti i livelli di energia e ridurre il rischio di carenze che potrebbero portare a problemi di salute.

Uno degli integratori più importanti da considerare è un multivitaminico di alta qualità. Un multivitaminico contiene in genere una gamma di vitamine e minerali essenziali di cui il tuo corpo ha bisogno quotidianamente, tra cui le vitamine A, C, D, E, K e le vitamine del complesso B, nonché minerali come calcio, magnesio, zinco e selenio. In caso di emergenza, un multivitaminico può fungere da rete di sicurezza, coprendo molti dei bisogni nutrizionali di base che potrebbero non essere completamente soddisfatti dal cibo conservato. Quando scegli un multivitaminico, cercane uno con livelli di nutrienti bilanciati e assicurati che non contenga riempitivi o ingredienti artificiali non necessari. Un multivitaminico non sostituirà il cibo ma può aiutare a prevenire le carenze quando i prodotti freschi e altri alimenti ricchi di sostanze nutritive scarseggiano.

La vitamina C è un altro integratore fondamentale da avere a portata di mano. Nota per le sue proprietà di potenziamento immunitario, la vitamina C agisce anche come antiossidante, proteggendo le cellule dai danni. In un contesto di emergenza, mantenere un sistema immunitario forte è essenziale, poiché lo stress della situazione e le opzioni alimentari limitate potrebbero indebolire le difese del corpo. Poiché la vitamina C si trova solitamente nella frutta e nella verdura che potrebbero non essere disponibili durante una crisi, un integratore può aiutarti a mantenerne un apporto adeguato. È meglio conservare la vitamina C masticabile o in polvere, poiché tendono ad avere una durata di conservazione più lunga rispetto ad altre forme. L'assunzione regolare di vitamina C aiuta a sostenere la salute della pelle, la guarigione delle ferite e l'assorbimento del ferro dagli alimenti a base vegetale, il che è particolarmente utile se la tua dieta include molti legumi in scatola o secchi.

La vitamina D è un altro nutriente vitale da considerare, soprattutto se una situazione di emergenza limita l'esposizione alla luce solare. Il nostro corpo può produrre vitamina D quando la pelle è esposta alla luce solare, ma se trascorri la maggior parte del tempo in ambienti chiusi o in un rifugio, ciò potrebbe non essere possibile. La vitamina D è importante per la salute delle ossa, la funzione immunitaria e la regolazione dell'umore. Una mancanza di vitamina D può portare a un indebolimento delle ossa e a una risposta immunitaria ridotta. Puoi trovare la vitamina D in alcuni alimenti, come il pesce grasso e i prodotti arricchiti, ma se questi non sono disponibili, un integratore può aiutare. La vitamina D3 è la forma preferita, poiché viene assorbita e utilizzata più facilmente dall'organismo.

Un altro integratore essenziale da considerare è il calcio, soprattutto se nella tua scorta alimentare di emergenza mancano latticini o verdure a foglia verde. Il calcio è essenziale per ossa e denti forti, nonché per la funzione muscolare e la segnalazione nervosa. Sebbene il calcio possa essere trovato in alimenti non deperibili come il pesce in scatola con le lische (come le sardine) o i cereali fortificati, può essere difficile assumerne abbastanza. Se non sei in grado di consumare abbastanza alimenti ricchi di calcio, un integratore di calcio può aiutare a prevenire le carenze, soprattutto per i bambini, gli anziani e le donne incinte o che allattano, che hanno un fabbisogno di calcio più elevato. Il carbonato di calcio e il citrato di calcio sono due forme comuni di integratori di calcio; il citrato di calcio è generalmente più facile da digerire e può essere un'opzione migliore se hai problemi digestivi.

Il magnesio è un altro minerale che svolge un ruolo in molte funzioni corporee, tra cui la funzione muscolare e nervosa, il controllo della glicemia e la salute delle ossa. Molti alimenti ricchi di magnesio, come le verdure a foglia verde e i cereali integrali, potrebbero non essere così facilmente disponibili nelle scorte alimentari di emergenza. Un integratore di magnesio può aiutarti a garantire un apporto sufficiente di questo minerale essenziale. Il magnesio è particolarmente utile per ridurre lo stress e migliorare il sonno, il che può essere molto utile in situazioni di stress elevato. Cerca il citrato di magnesio o il glicinato di magnesio, che vengono assorbiti più facilmente dall'organismo.

Lo zinco è un importante minerale traccia che supporta il sistema immunitario, aiuta nella guarigione delle ferite e aiuta nella sintesi del DNA. In tempi di crisi, un sistema immunitario forte è fondamentale per evitare infezioni e rimanere in salute. Lo zinco può essere trovato in alimenti come carne, crostacei e legumi, ma se questi alimenti non sono prontamente disponibili, un integratore di zinco può aiutare. Le losanghe o compresse di zinco sono facili da conservare e possono essere utili per prevenire il raffreddore e rafforzare l'immunità. Tuttavia, sii cauto con il dosaggio, poiché troppo zinco può interferire con l'assorbimento di altri minerali essenziali, come il rame.

Un altro integratore che vale la pena considerare sono gli acidi grassi omega-3, soprattutto se il tuo piano alimentare di emergenza non contiene fonti di grassi sani, come pesce, semi di lino o semi di chia.

Gli Omega-3 sono importanti per la salute del cervello, la salute del cuore e la riduzione dell'infiammazione. In tempi stressanti, gli omega-3 possono aiutare a sostenere la stabilità dell'umore e la funzione cognitiva. Le capsule di olio di pesce sono una fonte comune di omega-3, ma se sei vegetariano o vegano, gli integratori di omega-3 a base di alghe sono una buona alternativa.

Anche le vitamine del complesso B sono importanti, poiché supportano la produzione di energia, la funzione cerebrale e la gestione dello stress. Le vitamine del gruppo B includono B1 (tiamina), B2 (riboflavina), B3 (niacina), B5 (acido pantotenico), B6, B7 (biotina), B9 (folato) e B12. Ognuna di queste vitamine svolge un ruolo specifico nel mantenimento della salute, in particolare per il sistema nervoso e il metabolismo energetico. In un contesto di emergenza, avere abbastanza vitamine del gruppo B può aiutarti a sentirti più energico e resistente. La vitamina B12, in particolare, è essenziale per coloro che potrebbero fare maggiore affidamento sulle proteine vegetali durante una crisi, poiché si trova principalmente nei prodotti animali. Un integratore del complesso B può fornire tutte queste vitamine in un'unica forma conveniente.

Lo iodio è un minerale spesso trascurato ma essenziale. È importante per la funzione tiroidea, che regola il metabolismo, i livelli di energia e la crescita e lo sviluppo generale. La maggior parte delle persone ottiene lo iodio dal sale iodato, ma se la tua scorta di sale non è iodato, un integratore di iodio può aiutare a prevenire la carenza. Ciò è particolarmente importante in situazioni di emergenza in cui la salute della tiroide può influire sul benessere generale. Gli integratori di iodio sono solitamente disponibili in piccole compresse e sono facili da conservare con altre forniture di emergenza.

Per garantire che i tuoi integratori rimangano efficaci il più a lungo possibile, conservali in un luogo fresco e asciutto, lontano dalla luce solare diretta. Il calore, l'umidità e l'esposizione all'aria possono degradare alcuni integratori nel tempo. La maggior parte degli integratori avrà una data di scadenza, quindi è una buona idea ruotarli periodicamente e controllare le date di scadenza per mantenere aggiornata la fornitura.

Sebbene gli integratori non sostituiscano il cibo, possono svolgere un ruolo importante nel sostenere la salute e colmare le lacune nutrizionali durante un'emergenza. Includendo integratori essenziali come multivitaminici, vitamina C, vitamina D, calcio, magnesio, zinco, omega-3, complesso B e iodio nel tuo kit di emergenza, sarai meglio preparato a mantenere una dieta equilibrata e a mantenere te stesso e la tua famiglia in salute nei momenti difficili. Una corretta pianificazione e gli integratori giusti possono fare la differenza nel rimanere forti, resilienti e pronti per qualunque cosa ti capiti.

Costruire un sistema di rotazione

Costruire un sistema di rotazione è una delle strategie più intelligenti per mantenere le scorte alimentari di emergenza fresche, efficaci e sicure da mangiare. Quando parliamo di rotazione delle scorte di cibo, intendiamo organizzare lo stoccaggio in modo che gli articoli più vecchi vengano utilizzati per primi mentre quelli più nuovi li sostituiscano. Questo ti aiuta a prevenire gli sprechi evitando il cibo scaduto, garantendo allo stesso tempo che la tua scorta sia piena di articoli freschi e ricchi di nutrienti. Seguendo un sistema di rotazione, puoi avere la certezza che la tua scorta alimentare di emergenza sarà pronta ed efficace quando ne avrai più bisogno.

Uno dei principi chiave nella rotazione del cibo è "first in, first out". Ciò significa semplicemente che i primi elementi che aggiungi al tuo spazio di archiviazione dovrebbero essere i primi che usi. Immaginalo come uno scaffale di un negozio di alimentari: gli articoli davanti sono quelli che devono essere venduti per primi, quindi viene aggiunto nuovo stock dietro gli articoli più vecchi. A casa tua, questo significa conservare gli alimenti più nuovi dietro quelli più vecchi. Quando usi qualcosa dalla tua scorta, sostituiscilo con un oggetto nuovo e posizionalo sul retro. In questo modo, il cibo viene costantemente riciclato attraverso la fornitura, riducendo le possibilità che qualcosa scada prima di poterlo utilizzare.

Per iniziare con un sistema di rotazione, è utile avere un metodo organizzativo chiaro. Inizia raggruppando insieme tipi di cibo simili, come prodotti in scatola, cereali, cibi disidratati e snack. Tenere insieme oggetti simili rende più facile vedere cosa hai, cosa stai esaurendo e cosa deve essere sostituito. Organizzare il cibo in un modo che funzioni per il tuo spazio; che si tratti di scaffali, contenitori o contenitori contribuirà a rendere il processo di rotazione fluido ed efficiente. Etichetta ciascun contenitore o scaffale per identificare il tipo di cibo conservato lì e la data in cui è stato aggiunto alla tua scorta. Ciò renderà molto più semplice la gestione e il monitoraggio delle forniture.

Il monitoraggio delle scadenze è una parte cruciale del mantenimento di un sistema di rotazione efficace. Sulla maggior parte degli alimenti confezionati è stampata la data di scadenza o di scadenza, che indica per quanto tempo il prodotto manterrà la sua migliore qualità. Sebbene molti alimenti possano essere consumati tranquillamente oltre questa data, è importante sapere quando gli alimenti stanno raggiungendo la fine della loro durata di conservazione. Prendi in considerazione l'utilizzo di un foglio di calcolo o di un taccuino dedicato per tenere traccia delle date di scadenza di ciascun articolo. Puoi elencare gli articoli per categoria, annotando il tipo di cibo, la data di acquisto e la data di scadenza. Per scorte più grandi, app e software specializzati nell'inventario alimentare possono aiutare a tenere traccia di ciò che è disponibile e quando scadrà.

Una volta organizzati e datati i tuoi prodotti alimentari, crea un programma per controllare le tue scorte. Questo non deve essere un compito quotidiano; una volta al mese o ogni due mesi può essere sufficiente per tenere il passo con le cose. Durante questi check-in, ispeziona i tuoi prodotti alimentari per eventuali segni di deterioramento, danni o parassiti. Ruota gli alimenti secondo necessità, spostando gli alimenti più vecchi in primo piano e quelli più nuovi in secondo piano. Se noti articoli prossimi alla scadenza, pianifica di usarli presto o donali se sono ancora sicuri da mangiare. In questo modo, le tue scorte saranno sempre aggiornate con articoli che hanno una durata di conservazione più lunga.

Quando aggiungi nuovi articoli alla tua scorta, fai attenzione a quanto dureranno. Gli alimenti non deperibili generalmente hanno una durata di conservazione più lunga, ma non tutti durano lo stesso tempo. Ad esempio, le verdure e la carne in scatola possono rimanere fresche fino a cinque anni, mentre la pasta e il riso possono durare due anni o più se conservati correttamente. Per semplificare il tuo sistema di rotazione, prova ad acquistare articoli con date di scadenza simili quando possibile. Ciò semplifica il monitoraggio delle date e mantiene la rotazione secondo un programma gestibile.

Oltre a organizzare per data, un altro consiglio efficace è etichettare i tuoi articoli con il mese e l'anno di acquisto, utilizzando un pennarello indelebile. Questo piccolo passaggio ti consente di vedere facilmente a colpo d'occhio quando gli articoli sono stati aggiunti alla tua fornitura. Prendi in considerazione l'utilizzo di adesivi o etichette con codice colore per diverse categorie, ad esempio verde per i cereali, giallo per i prodotti in scatola e rosso per gli snack. Ciò aggiunge un ulteriore livello di organizzazione e rende la ricerca di elementi specifici più rapida e conveniente.

Per le famiglie con bambini, costruire un sistema di rotazione può anche essere un ottimo modo per insegnare ai bambini la gestione del cibo e ridurre gli sprechi alimentari. I bambini possono aiutare a etichettare, organizzare e persino tenere traccia delle date in un grafico semplificato. Ciò non solo dà loro un senso di responsabilità, ma li aiuta anche a comprendere l'importanza della preparazione e della cura delle risorse. Puoi renderla un'attività familiare effettuando regolari "check-in delle scorte", in cui tutti contribuiscono a mantenere le scorte in ordine.

Il rifornimento è una parte fondamentale per mantenere il sistema di rotazione senza intoppi. Man mano che usi gli oggetti, fai un elenco di ciò che deve essere sostituito. Invece di aspettare che le scorte siano scarse, prova a rifornirle regolarmente in modo da avere sempre una riserva. Considera l'idea di aggiungere un determinato importo alla tua scorta ogni volta che fai la spesa abituale, ad esempio una lattina extra di fagioli, una scatola di pasta o un sacchetto di riso. Questa piccola abitudine mantiene le tue scorte piene senza un costo elevato e improvviso. Quando fai rifornimento, posiziona gli articoli più nuovi dietro quelli più vecchi per continuare a seguire il sistema First In First Out.

Oltre alla rotazione del cibo, pensa ad altri beni essenziali che potrebbero dover essere ruotati, come vitamine, medicinali e persino articoli da toeletta di base. Questi articoli possono anche avere date di scadenza e sono essenziali per una preparazione completa alle emergenze. Includerli nel tuo sistema di rotazione garantisce che saranno sicuri ed efficaci se mai avessi bisogno di fare affidamento su di loro.

Condizioni di conservazione adeguate possono aiutare a prolungare la vita del cibo, rendendo il sistema di rotazione più efficace. Gli alimenti devono essere conservati in un luogo fresco e asciutto, lontano dalla luce solare diretta. La temperatura e l'umidità possono influire sulla durata di conservazione, quindi l'ideale è un seminterrato o una dispensa con condizioni stabili. Se non disponi di un posto perfetto, fai semplicemente del tuo meglio per evitare calore e umidità estremi, poiché possono far deteriorare il cibo o perdere il suo valore nutrizionale più rapidamente. Controllare regolarmente i contenitori per eventuali segni di umidità, ruggine o rigonfiamento, che potrebbero indicare deterioramento.

Un sistema di rotazione ben pianificato ti aiuta a mantenere una fornitura alimentare di emergenza fresca ed efficace. Organizzando, monitorando le date di scadenza, etichettando gli articoli e rifornindoli regolarmente, puoi mantenere le tue scorte in ottime condizioni. Un sistema di rotazione riduce inoltre gli sprechi, fa risparmiare denaro e garantisce che tu sia sempre preparato con cibo pronto all'uso. Che si tratti di un'emergenza a breve termine o di una situazione a lungo termine, un sistema di rotazione è un modo affidabile per rimanere organizzati, ridurre lo stress e garantire tranquillità.

CAPITOLO 5

Pianificazione e preparazione dei pasti di emergenza

Sviluppare un piano alimentare per le situazioni di crisi

Sviluppare un piano alimentare per le situazioni di crisi può aiutarti a garantire pasti ben bilanciati e nutrienti, facili da preparare e da riempire. In caso di emergenza, il cibo che fornisce l'energia e i nutrienti necessari è essenziale per farti sentire forte, vigile e sano. La pianificazione dei pasti per le emergenze può sembrare impegnativa, ma utilizzando prodotti alimentari comuni e non deperibili, è del tutto possibile creare pasti equilibrati che soddisfino le esigenze nutrizionali senza richiedere cotture estese o ingredienti freschi.

In caso di emergenza, pianificare i pasti in base a ingredienti ricchi di nutrienti è fondamentale. Si tratta di alimenti che forniscono i più alti livelli di nutrienti in rapporto al loro contenuto calorico, come fagioli in scatola, lenticchie, frutta secca, verdura, cereali integrali e proteine in scatola come tonno, pollo o sardine. Questi ingredienti offrono una vasta gamma di vitamine, minerali e macronutrienti (proteine, carboidrati e grassi) per mantenere alti i livelli di energia e sostenere la salute generale. Cereali come riso, pasta e avena, insieme a fonti proteiche come fagioli e carne in scatola, costituiscono una solida base per pasti equilibrati. Integrarli con verdure in scatola o essiccate, frutta e alcune spezie o condimenti può migliorare il sapore e fornire varietà.

Un approccio semplice è iniziare ogni pasto con una formula di base: una base di carboidrati (come riso, pasta o quinoa), una base di proteine (come fagioli, lenticchie o carne in scatola) e una piccola porzione di verdura o frutta. Questa combinazione offre nutrienti bilanciati, con i carboidrati che forniscono energia, le proteine che sostengono muscoli e tessuti, e la verdura e la frutta che forniscono vitamine, fibre e minerali. Ad esempio, un pranzo potrebbe consistere in riso con fagioli neri in scatola, condito con mais in scatola e una spolverata di erbe secche. L'aggiunta di un contorno di frutta in scatola o di salsa di mele può completare il pasto con un tocco di dolcezza naturale e vitamine extra.

La colazione è spesso considerata il pasto più importante perché fa ripartire il metabolismo e fornisce energia per la giornata. In un contesto di emergenza, la colazione potrebbe includere cibi facili da preparare come farina d'avena, frutta secca, frutta in scatola e noci. La farina d'avena è una scelta conveniente, poiché è semplice da preparare con solo acqua e può essere arricchita con vari condimenti. Per aggiungere proteine e grassi sani, prova a mescolare un po' di latte di cocco in scatola, burro di arachidi o una manciata di noci. Ad esempio, una ricca colazione potrebbe consistere in fiocchi d'avena cotti con latte in polvere, conditi con uvetta e una spolverata di cannella. Un'altra opzione potrebbero essere i cracker con tonno in scatola o burro di arachidi, che aggiungono proteine e ti aiutano a sentirti sazio più a lungo.

Per il pranzo e la cena, le opzioni dei pasti possono essere più varie, concentrandosi su combinazioni di ripieno che includono cereali, proteine e verdure. Riso e fagioli sono un classico alimento nutriente e saziante. Questo pasto può essere personalizzato con diversi tipi di fagioli come fagioli neri, fagioli borlotti o ceci e verdure come pomodori in scatola, mais o fagiolini. Spezie come l'aglio in polvere, la cipolla in polvere o anche un pizzico di salsa piccante possono esaltarne il sapore senza bisogno di ingredienti freschi. Un altro pasto facile potrebbe riguardare la pasta con salsa di pomodoro in scatola e una fonte proteica, come il pollo in scatola. L'aggiunta di un po' di spinaci secchi o in scatola aumenta il contenuto di nutrienti. Questi pasti sono soddisfacenti, facili da preparare e sfruttano al meglio ingredienti semplici e stabili.

In alcuni casi, potresti non avere accesso a un fornello, quindi è utile pianificare i pasti che non richiedono cottura o che possono essere preparati con un riscaldamento minimo. Gli involtini con tortillas e proteine in scatola, come pollo o salmone, mescolati con verdure in scatola rendono i pasti veloci e senza cottura. Potresti abbinarli a zuppe di verdure in scatola, che spesso possono essere consumate fredde se necessario. Allo stesso modo, i fagioli o i ceci in scatola possono essere consumati direttamente dalla lattina e mescolati con mais in scatola, pomodori a cubetti e una spolverata di sale per un'insalata fredda di fagioli. Queste opzioni senza cottura assicurano che, anche se non sei in grado di riscaldare i tuoi pasti, stai comunque ricevendo un'alimentazione equilibrata.

Anche gli spuntini possono svolgere un ruolo importante nel mantenere i livelli di energia durante il giorno. Snack come noci, semi, barrette di cereali e frutta secca sono ottime opzioni da tenere a portata di mano. Noci e semi forniscono grassi e proteine salutari, mentre la frutta secca offre zuccheri naturali per un rapido apporto di energia. Creare "pacchetti di snack" con un mix di questi articoli può fornire un mini-pasto soddisfacente quando hai bisogno di carburante extra. Il mix di tracce, ad esempio, può essere preparato con arachidi, mirtilli rossi essiccati, semi di girasole e gocce di cioccolato per una combinazione di carboidrati, grassi e proteine.

Pianificare i pasti in anticipo può aiutarti a utilizzare il cibo in modo efficiente ed evitare gli sprechi. Crea un piano alimentare semplice che copra diversi giorni, alternando alcuni tipi di pasto per mantenere le cose interessanti. Ad esempio, la colazione del primo giorno potrebbe essere farina d'avena con frutta in scatola, mentre il secondo giorno potrebbe includere cracker con burro di arachidi e chips di banana essiccata. Il pranzo del primo giorno potrebbe essere riso e fagioli con mais in scatola, mentre il secondo giorno offre pasta con salsa di pomodoro e pollo in scatola. Ripetendo gli ingredienti in modi diversi, puoi mantenere i pasti freschi senza richiedere un'ampia gamma di forniture.

Porzionare correttamente i pasti aiuta anche ad allungare le scorte e garantisce che tutti ricevano una quantità adeguata di cibo. Per le famiglie, è utile dosare le porzioni in base all'età e al livello di attività per assicurarsi che i bambini più piccoli e i membri meno attivi ricevano porzioni leggermente più piccole, lasciandone di più per gli adulti che potrebbero richiedere più energia. Mantenere le porzioni bilanciate eviterà un consumo eccessivo e ti consentirà di pianificare con precisione il numero di giorni per i quali ti stai preparando.

Quando si pianifica una crisi, è anche utile considerare le restrizioni dietetiche. Se qualcuno nella tua famiglia ha un'allergia o ha esigenze dietetiche, assicurati di includere alternative nella tua scorta. Ad esempio, i cereali senza glutine come la quinoa o il riso possono essere sostituiti con prodotti a base di grano. Le persone intolleranti al lattosio possono fare scorta di latte in polvere non caseario, come latte in polvere di mandorle o di cocco, per evitare disagi. Tenere a mente le esigenze dietetiche di tutti ti aiuterà a evitare complicazioni e a garantire che ogni membro della famiglia abbia opzioni nutrienti.

Un altro consiglio prezioso per pianificare i pasti in caso di emergenza è quello di conservare una piccola selezione di cibi di conforto. Un barattolo di miele, una tavoletta di cioccolato o qualche lattina di budino potrebbero non sembrare essenziali, ma avere qualcosa di piacevole da mangiare può dare una spinta morale. Questi articoli di comfort possono essere riservati per giorni speciali o come regalo, portando un po' di normalità nei momenti stressanti e rendendo i pasti un po' più piacevoli.

Considera l'idea di alternare periodicamente il tuo piano alimentare di emergenza per acquisire familiarità con la cucina e il consumo degli alimenti conservati. Provare occasionalmente alcuni di questi pasti ti consentirà anche di apportare modifiche alle tue scorte in base al gusto o alla facilità di preparazione. Esercitarsi con il programma alimentare non solo aumenta la fiducia nelle scorte di cibo, ma garantisce anche che tutta la famiglia sappia cosa aspettarsi in caso di emergenza.

Sviluppare un piano alimentare ponderato per le situazioni di crisi implica bilanciare i fabbisogni nutrizionali, utilizzare ingredienti facilmente conservabili e pianificare pasti semplici e versatili che funzionino con risorse minime. Concentrandoti su cibi ricchi di nutrienti, creando opzioni di pasto senza cottura e includendo cibi di conforto, puoi mantenere il morale e la salute, anche in circostanze difficili. Questo tipo di preparazione ti aiuterà a utilizzare al meglio le tue scorte di cibo, a sostenere il benessere e a portare tranquillità quando è più necessario.

Ricette facili e nutrienti per i prepper

Quando ti stai preparando per le emergenze, sapere come realizzare ricette semplici e nutrienti con ingredienti non deperibili può fare la differenza. Anche in situazioni difficili, puoi creare pasti gustosi e sazianti con ingredienti in scatola, essiccati e persino raccolti. Le seguenti ricette sono progettate per essere semplici e nutrienti, basandosi su elementi che probabilmente avrai nella dispensa di un preparatore o che puoi procurarti in natura.

L'obiettivo principale è utilizzare ingredienti che non si deteriorino rapidamente, non richiedano refrigerazione e forniscano nutrienti essenziali come carboidrati, proteine, grassi e vitamine. Queste ricette includono pasti, spuntini e contorni che possono mantenerti energico e soddisfatto.

Una delle ricette più semplici è una ricca ciotola di fagioli e riso. Questo pasto utilizza ingredienti di base come fagioli in scatola, riso e condimenti, ma è ricco di proteine, fibre e carboidrati per un'energia a lunga durata. Inizia cuocendo il riso secondo le istruzioni sulla confezione, usando acqua. Una volta che il riso sarà pronto, aprite un barattolo di fagioli neri o di fagioli rossi, scolate il liquido e aggiungete i fagioli al riso. Se hai spezie come sale, pepe o aglio in polvere, cospargile sopra. Per aggiungere sapore, mescolare il mais in scatola o i pomodori a cubetti. Questo pasto è facile da preparare e puoi modificarne il sapore cambiando il tipo di fagioli o aggiungendo diverse verdure in scatola.

Una ricetta semplice che piacerà a bambini e adulti sono i bocconcini di avena al burro di arachidi. Questo spuntino richiede solo pochi ingredienti: avena, burro di arachidi, miele e frutta secca se disponibile. Inizia mescolando in una ciotola una tazza di avena con qualche cucchiaio di burro di arachidi e un cucchiaio di miele. Mescolare fino a quando tutto sarà ben amalgamato. Se hai mirtilli rossi secchi, uvetta o noci tritate, puoi aggiungerli al composto per ottenere sapore e consistenza extra. Una volta amalgamato il tutto, con le mani formare piccole palline con l'aiuto delle mani. Questi bocconcini sono ricchi di proteine, grassi sani e fibre, che li rendono un ottimo apporto energetico per lunghe giornate.

Se hai accesso alle verdure in scatola, puoi preparare una deliziosa zuppa di verdure calda e ricca di sostanze nutritive. Iniziate versando in una pentola un barattolo di brodo vegetale (o acqua con un dado se non avete il brodo). Aggiungi un mix di verdure in scatola come carote, piselli, fagiolini e mais. Condisci la zuppa con sale, pepe e tutte le erbe che hai, come timo secco o prezzemolo. Lasciate cuocere la zuppa per 10-15 minuti in modo che i sapori si fondano insieme. Questa zuppa è leggera ma saziante, ricca di vitamine e minerali. Puoi anche aggiungere fagioli o lenticchie in scatola per renderlo più sostanzioso.

Un'altra ricetta semplice ma nutriente è Trail Mix with a Twist. Questo è l'ideale per uno spuntino veloce che fornisce una varietà di sostanze nutritive. Inizia con una base di frutta secca (come mandorle, arachidi o semi di girasole) e aggiungi frutta secca come uvetta o albicocche. Per un sapore extra, aggiungi una manciata di scaglie di cocco o gocce di cioccolato fondente, se le hai. Questo mix di tracce è ricco di grassi sani, fibre e zuccheri naturali, dandoti una sferzata di energia senza alcuna cottura.

Per un piatto più nutriente potete preparare un'insalata di tonno e ceci. Tutto ciò di cui hai bisogno è una scatoletta di tonno, una scatoletta di ceci e le spezie o le erbe che preferisci. Scolate il tonno e i ceci, quindi uniteli in una ciotola. Aggiungi una spolverata di sale, pepe e, se disponibile, una spruzzata di succo di limone per un gusto fresco. Puoi aggiungere qualsiasi altra verdura in scatola, come pomodori a cubetti o olive, per esaltare i sapori. Questa insalata è ricca di proteine e fibre, il che la rende un ottimo pasto facile da preparare e nutriente.

Per colazione, la farina d'avena istantanea con condimenti è veloce e personalizzabile. Basta aggiungere acqua calda a una tazza di avena fino a raggiungere la consistenza desiderata. Mescolare un cucchiaio di miele, un po' di frutta secca e una manciata di noci. Per una maggiore cremosità, usate il latte in polvere se lo avete. La farina d'avena è un'ottima fonte di fibre e carboidrati per iniziare bene la giornata e l'aggiunta di noci e frutta secca ne migliora il valore nutrizionale.

Se riesci a procurarti del cibo o hai accesso a verdure fresche, prova un'insalata verde selvatica con qualsiasi pianta commestibile che trovi, come tarassaco, senape selvatica o portulaca. Assicurati di identificare correttamente queste piante per assicurarti che siano sicure da mangiare. Una volta raccolte, lavate bene le verdure e mettetele in una ciotola. Se hai fagioli in scatola, aggiungine una manciata per le proteine, insieme a un pizzico di sale e olio per insaporire. Questa insalata fornisce nutrienti freschi che spesso mancano negli alimenti a lunga conservazione e le verdure raccolte possono essere altamente nutrienti.

Un ottimo pranzo o una cena leggera è la Pasta con Pomodori e Fagioli in scatola. Cuocere la pasta seguendo le istruzioni sulla confezione, quindi scolarla. Aprite un barattolo di pomodori a cubetti e aggiungeteli alla pasta. Aggiungi fagioli bianchi o ceci in scatola, insieme a sale, pepe e tutte le spezie che hai a portata di mano. Mescolare bene e scaldare finché non sarà completamente riscaldato. La combinazione di pasta per i carboidrati, fagioli per le proteine e pomodori per le vitamine rende questo pasto equilibrato e saziante.

Per un semplice spezzatino di riso e lenticchie, iniziate cuocendo una tazza di riso e mettendola da parte. In una pentola unire una lattina di lenticchie (o cuocere le lenticchie secche se disponibili) con un po' di acqua o brodo vegetale. Aggiungi le verdure in scatola come carote, sedano e pomodori e lascia cuocere a fuoco lento finché tutto sarà tenero. Condisci con sale, pepe e tutte le erbe che hai. Questo stufato è ricco di proteine e carboidrati, che possono mantenerti pieno ed energico ed è facile da adattare con gli altri ingredienti che hai.

Purè di fagioli con cracker è una ricetta senza cottura, soddisfacente e facile da preparare. Apri un barattolo di fagioli (come quelli neri o bianchi), scolali e schiacciali con una forchetta. Se ne avete, spalmate la purea di fagioli sui cracker o sulle fette di pane. Se preferisci, condisci con sale, pepe o un pizzico di salsa piccante. Si tratta di un pasto o uno spuntino veloce, ricco di proteine e fibre, che può essere variato utilizzando diversi tipi di fagioli o aggiungendo altri condimenti.

L'insalata di lenticchie con riso è una ricetta facile che richiede solo pochi ingredienti ma offre un'alimentazione equilibrata. Cuocere una tazza di riso e mescolarlo con una lattina di lenticchie (sgocciolate) in una ciotola. Aggiungi una spolverata di sale ed eventuali spezie o erbe secche che hai. Puoi anche aggiungere mais in scatola, pomodori a cubetti o anche un po' di frutta secca per un tocco unico. Questa insalata è abbondante e fornisce un buon mix di carboidrati e proteine.

Queste semplici ricette offrono molta varietà e sfruttano al massimo ingredienti limitati. Con un po' di creatività, puoi trasformare le scorte di base in pasti deliziosi che manterranno tutti ben nutriti e soddisfatti durante un'emergenza. Preparare ricette semplici e nutrienti aiuta a sostenere sia il corpo che il morale, ed è confortante sapere che anche nei momenti difficili puoi goderti del buon cibo.

Cucinare senza elettricità

Cucinare senza elettricità può essere una vera sfida, soprattutto se sei abituato ad accendere solo il fornello o il microonde. Ma in situazioni di emergenza in cui la corrente potrebbe rimanere per giorni o addirittura settimane, conoscere metodi di cottura alternativi può aiutarti a preparare pasti nutrienti in modo sicuro. Esistono diversi metodi per cucinare senza elettricità, come l'uso di forni solari, fuochi all'aperto e persino stufe improvvisate. Comprendere queste tecniche e mettere in pratica alcune linee guida di sicurezza ti garantisce di poter preparare i pasti in modo efficace e sicuro, anche nei momenti difficili.

Un'ottima opzione per cucinare senza elettricità è un forno solare. I forni solari utilizzano i raggi del sole per cuocere il cibo, rendendoli ideali per le giornate soleggiate. Sono rispettosi dell'ambiente, poiché non necessitano di carburante e non producono fumo, il che li rende puliti e silenziosi. I forni solari funzionano intrappolando la luce solare in un dispositivo a forma di scatola rivestito di materiale riflettente, che concentra la luce solare su un'area di cottura, riscaldandola per cuocere il cibo. Per utilizzare un forno solare, avrai bisogno di un'area soleggiata, aperta, lontana dall'ombra. Disporre il cibo in una pentola o piatto scuro che assorba bene il calore e posizionarlo nel forno solare. La maggior parte dei forni solari è dotata di riflettori regolabili che puoi regolare in base all'angolazione verso il sole mentre si muove nel cielo, massimizzando il calore.

I tempi di cottura con un forno solare variano a seconda della luce solare e del tipo di cibo che stai preparando. Anche se potrebbe richiedere più tempo di un forno normale, il vantaggio è che la cottura solare avviene senza interventi manuali, consentendoti di preparare il cibo senza dover monitorare il fuoco. I forni solari funzionano bene per cucinare cereali, stufati e persino cuocere il pane. Tuttavia, dovrai monitorare la posizione del sole e regolare il forno secondo necessità. I forni solari non funzionano bene nelle giornate nuvolose o piovose, quindi è importante disporre anche di metodi di cottura di riserva.

Un altro metodo affidabile è la cottura a fuoco aperto, utilizzata dall'uomo da secoli. Questo può essere semplice come un falò o controllato come un piccolo braciere. Per cucinare su un fuoco aperto, avrai bisogno di uno spazio sicuro lontano da materiali infiammabili e combustibili come legna o carbone. Raccogli i materiali e disponili in un braciere o in un allestimento simile che possa contenere le fiamme. Assicurati di avere acqua o sabbia nelle vicinanze per spegnere l'incendio se inizia a diffondersi.

Per cuocere i cibi direttamente sul fuoco si possono utilizzare strumenti come spiedini, griglie o anche una griglia metallica posta sopra le fiamme. Per zuppe, stufati o altri pasti che necessitano di una pentola, utilizzare una pentola ignifuga con manico per una facile rimozione dal fuoco. Appendere la pentola a un treppiede o posizionarla sui carboni può controllare il livello di calore. La fiamma diretta può carbonizzare rapidamente il cibo, quindi mantenere una fiamma piccola e costante o braci accese garantirà una cottura uniforme del cibo senza bruciarsi.

Per la sicurezza alimentare, è essenziale conoscere le temperature interne adeguate per i diversi alimenti per garantire che siano cotti a fondo. La carne, ad esempio, dovrebbe essere cotta a una temperatura sufficientemente elevata da uccidere i batteri, cosa che può essere controllata utilizzando un termometro per alimenti, se ne hai uno. Poiché i batteri si moltiplicano rapidamente in condizioni calde, evitare di lasciare riposare il cibo per lunghi periodi prima o dopo la cottura. Assicurati di ruotare e mescolare regolarmente il cibo, soprattutto negli stufati o nelle zuppe, per cuocere in modo uniforme ed evitare zone poco cotte.

Un'altra opzione per cucinare senza elettricità è una stufa a razzo, che è una piccola stufa a basso consumo di carburante, spesso realizzata in metallo o materiali pesanti. Le stufe Rocket sono progettate per bruciare piccole quantità di legno o biomassa, come ramoscelli o foglie secche, il che le rende altamente efficienti per cucinare. Puoi realizzare una semplice stufa a razzo con materiali come barattoli di latta o mattoni se non ne hai già uno. Le stufe a razzo concentrano il calore in una piccola area, consentendo al cibo di cuocere più velocemente e con meno carburante rispetto a un fuoco aperto.

I fornelli a razzo sono particolarmente utili per riscaldare l'acqua o cucinare pasti semplici come riso o pasta. Il vantaggio principale è che bruciano il carburante in modo pulito e non producono tanto fumo quanto i fuochi aperti. Sono anche facili da spegnere una volta terminata la cottura, il che in alcuni casi li rende più sicuri dei fuochi da campo. Tuttavia, è importante utilizzarli in un'area esterna ben ventilata per evitare qualsiasi rischio di accumulo di monossido di carbonio.

Un metodo popolare e a bassa tecnologia è la cottura al forno olandese. Un forno olandese è una pentola pesante in ghisa con un coperchio aderente ed è ideale per i pasti a cottura lenta. Con un forno olandese puoi cucinare sulla brace o su una griglia e distribuisce il calore in modo uniforme. Questo lo rende perfetto per piatti come stufati, zuppe e sformati. Quando si cucina con un forno olandese sui carboni, posizionare uno strato di carboni ardenti sotto la pentola e un altro strato sul coperchio, creando un "forno da campo" che cuoce uniformemente sia dalla parte superiore che da quella inferiore.

La cottura nel forno olandese è tollerante poiché la ghisa trattiene il calore a lungo, riducendo la necessità di combustibile continuo. Tuttavia, la ghisa può essere molto pesante, quindi è meglio utilizzarla in ambienti stabili piuttosto che in ambienti portatili. Quando cucini con un forno olandese, assicurati che i carboni siano accesi anziché fiammeggianti, poiché le fiamme dirette possono far bruciare il cibo sul fondo.

Se hai accesso a una griglia, le griglie a carbone sono un altro strumento versatile per cucinare durante le interruzioni di corrente. Il carbone brucia a una temperatura più elevata della legna e può essere controllato facilmente regolando il flusso d'aria, rendendolo adatto per grigliare carne, verdure e persino prodotti da forno come la pizza. Per utilizzare una griglia a carbone, posizionare il carbone in un cumulo, accenderlo e attendere che diventi incandescente prima di posizionare il cibo sulla griglia. Puoi utilizzare il calore diretto per cibi a cottura rapida come gli hamburger o il calore indiretto per cibi che necessitano di tempi di cottura più lunghi, come il pollo intero.

Quando si cucina senza elettricità, la sicurezza alimentare è fondamentale, soprattutto nel caso di prodotti deperibili come carne o latticini. Senza refrigerazione, è meglio consumare prima gli alimenti deperibili e fare affidamento su alimenti non deperibili per i pasti successivi. I prodotti in scatola, gli alimenti secchi e i cereali sono generalmente sicuri e hanno una lunga durata. Quando maneggi carne cruda, pulisci frequentemente gli strumenti e le superfici di cottura per evitare la contaminazione incrociata e cuocila accuratamente per uccidere eventuali batteri nocivi.

Un ultimo consiglio per la sicurezza è prestare attenzione al fumo e alla ventilazione. Se utilizzi un metodo di cottura che produce fumo, come un fuoco aperto o un fornello a razzo, cucina all'aperto o in un'area ben ventilata. Il monossido di carbonio, un gas incolore e inodore, può accumularsi e comportare gravi rischi per la salute se si cucina in ambienti chiusi senza un'adeguata ventilazione. Evitare spazi chiusi quando si utilizzano fornelli a fiamma libera o che producono calore e non utilizzare mai griglie o fornelli a gas in ambienti chiusi senza un flusso d'aria sufficiente.

Cucinare senza elettricità può sembrare impegnativo, ma con un po' di creatività e la giusta attrezzatura puoi preparare pasti sicuri e deliziosi. Mettere in pratica questi metodi prima di averne effettivamente bisogno può darti sicurezza e rendere meno intimidatorio cucinare in situazioni di emergenza. Che si utilizzi un forno solare in una giornata soleggiata o un forno olandese sui carboni ardenti, ci sono diversi modi per garantire a te e alla tua famiglia cibo caldo e nutriente quando è più necessario.

CAPITOLO 6

Tecniche di produzione alimentare autosufficiente

Tecniche di giardinaggio indoor

Il giardinaggio indoor offre un ottimo modo per produrre cibo tutto l'anno, anche se non disponi di un ampio giardino o vivi in un clima che non supporta il giardinaggio all'aperto tutto l'anno. Tecniche come la coltivazione di microgreens, erbe aromatiche e piccole verdure indoor sono ideali perché non richiedono molto spazio, richiedono una manutenzione relativamente bassa e possono produrre rapidamente risultati nutrienti. Questi metodi rendono anche più semplice avere a portata di mano ingredienti freschi e saporiti, aggiungendo varietà ai tuoi pasti senza dover fare affidamento esclusivamente su alimenti non deperibili.

Iniziare con i microgreens è una scelta fantastica perché crescono rapidamente e sono ricchi di sostanze nutritive. I microgreens sono versioni minuscole di verdure a foglia, come spinaci, cavoli o ravanelli, e vengono raccolti quando sono alti solo pochi centimetri. Sono ricchi di vitamine e minerali, spesso anche più concentrati rispetto alla pianta matura. I microgreens aggiungono anche consistenza e gusto ai pasti, rendendoli un'ottima aggiunta a insalate, panini e zuppe. Coltivarli in casa richiede un'attrezzatura minima: un vassoio poco profondo, un po' di terra e semi. Puoi utilizzare vassoi per microgreen appositamente progettati o riutilizzare contenitori puliti e poco profondi provenienti da tutta la casa. Per piantare, distribuire uniformemente il terreno nel vassoio, cospargere i semi e premerli delicatamente nel terreno. Innaffia leggermente ma costantemente per mantenere il terreno umido e in circa 10-14 giorni sarai in grado di raccogliere microgreens freschi.

Le erbe aromatiche sono un'altra meravigliosa opzione per il giardinaggio indoor perché sono resistenti e richiedono solo cure di base. Erbe come basilico, prezzemolo, menta e timo crescono bene in casa e possono aggiungere sapore a quasi tutti i piatti. La maggior parte delle erbe ha bisogno di molta luce solare, quindi un davanzale luminoso è solitamente il posto migliore per loro. Se la luce naturale è limitata, una semplice luce di coltivazione può aiutare a fornire la luce di cui hanno bisogno per prosperare. Le erbe vengono generalmente coltivate in piccoli vasi con terreno ben drenante, che aiuta a prevenire la putrefazione delle radici. Per l'irrigazione, mantenere il terreno leggermente umido ma evitare di annaffiare eccessivamente, poiché troppa umidità può far marcire le radici. Le erbe richiedono una manutenzione relativamente bassa e, man mano che crescono, puoi tagliarle secondo necessità, il che non solo ti fornisce erbe fresche ma incoraggia anche una nuova crescita.

Il giardinaggio in container è una tecnica di giardinaggio indoor su scala leggermente più ampia, perfetta per coltivare piccole verdure, come pomodori, peperoni o lattuga. I contenitori consentono di controllare la qualità del terreno e i livelli di umidità più facilmente rispetto ai giardini all'aperto, il che può portare a piante più sane. La chiave per il successo del giardinaggio in contenitori indoor è scegliere la giusta dimensione del contenitore e il tipo di terreno. Per le verdure con un apparato radicale più profondo, come i pomodori, un contenitore profondo almeno 12-18 pollici funziona meglio. Utilizza sempre un terriccio, non un normale terriccio da giardino, poiché il terriccio è progettato per drenare bene e di solito è abbastanza leggero per contenitori interni.

L'illuminazione è essenziale per il giardinaggio indoor perché le piante hanno bisogno della luce solare o di una fonte di luce sostitutiva per crescere. Una finestra esposta a sud è spesso l'ideale, ma anche quella potrebbe non fornire abbastanza luce costante, soprattutto in inverno. Investire in una lampada da coltivazione può fare una differenza significativa. Le luci di coltivazione sono disponibili in vari tipi, tra cui fluorescenti, LED e HID (a scarica ad alta intensità), ma le luci di coltivazione a LED sono generalmente le più efficienti dal punto di vista energetico ed efficaci per i piccoli giardini interni. Posiziona la luce di coltivazione a 6-12 pollici sopra le piante, regolando la distanza in base all'intensità della luce e alle esigenze delle tue piante. Cerca di dare alle piante almeno 12-16 ore di luce ogni giorno per imitare la luce solare naturale.

La coltura idroponica è una tecnica avanzata di giardinaggio indoor in cui le piante vengono coltivate senza suolo, utilizzando invece acqua ricca di sostanze nutritive. Questo metodo può essere efficace per coloro che desiderano un approccio più high-tech al giardinaggio indoor. I sistemi idroponici variano in dimensioni e complessità, da piccoli allestimenti fai-da-te che utilizzano contenitori di plastica a sistemi più sofisticati con timer e pompe. I nutrienti vengono aggiunti all'acqua e le piante possono assorbirli direttamente attraverso le radici. La coltura idroponica consente una crescita più rapida delle piante, poiché i nutrienti vengono forniti in modo diretto ed efficiente. Anche se all'inizio l'installazione di un sistema idroponico può essere un po' impegnativa, può fornire una fornitura costante di prodotti freschi e ridurre la necessità di grandi quantità di acqua, rendendolo una scelta ecologica per il giardinaggio indoor.

L'aeroponica è un'altra tecnica di giardinaggio fuori suolo adatta per uso interno. Nell'aeroponica, le radici delle piante vengono sospese nell'aria e nebulizzate con una soluzione nutritiva a intervalli regolari. Questo metodo non richiede terreno, occupa pochissimo spazio e fornisce alle piante molto ossigeno, che può favorire una rapida crescita. I sistemi aeroponici possono essere acquistati come kit completi o costruiti da zero utilizzando secchi o altri contenitori. Poiché i sistemi aeroponici non richiedono suolo o ampie risorse idriche, sono ideali per piccoli spazi e possono produrre un'abbondanza di verdure fresche ed erbe in un'area limitata.

Mantenere livelli di umidità costanti è importante anche per il giardinaggio indoor, poiché l'aria interna può spesso essere più secca rispetto alle condizioni esterne, soprattutto durante l'inverno quando è in uso il riscaldamento. Alcune piante, come le erbe aromatiche, preferiscono un'umidità più elevata per crescere bene. Posizionare un piccolo umidificatore vicino alle piante o nebulizzarle con acqua ogni pochi giorni può aiutare a mantenere i livelli di umidità. Fai solo attenzione a non esagerare, poiché troppa umidità può favorire la crescita di muffe o funghi sulle foglie o sul terreno. Raggruppare insieme le piante può anche aumentare naturalmente l'umidità intorno a loro, poiché rilasciano umidità nell'aria attraverso un processo chiamato traspirazione.

Un altro consiglio prezioso per un giardinaggio indoor di successo è quello di tenere d'occhio i parassiti. Sebbene i giardini interni siano meno soggetti ai parassiti rispetto ai giardini esterni, piccoli insetti come afidi, acari o moscerini dei funghi possono comunque trovare la loro strada all'interno. Ispeziona regolarmente le foglie, gli steli e la superficie del terreno delle tue piante per individuare eventuali segni di parassiti. Se noti parassiti, puoi provare a usare un sapone insetticida o un leggero spruzzo d'acqua fatto in casa e qualche goccia di detersivo per i piatti per controllarli. In caso di infestazioni gravi, rimuovere la pianta colpita dal giardino interno può aiutare a proteggere le altre.

Anche il clima interno, compresa la temperatura, influisce sulla crescita delle piante. La maggior parte delle piante da interno crescono meglio a temperature comprese tra 65 e 75° F, che è simile alla temperatura media domestica. Evita di posizionare le piante vicino a stufe, termosifoni o finestre piene di spifferi, poiché improvvisi sbalzi di temperatura possono stressare le piante e inibirne la crescita. Le piante da interno sono generalmente abbastanza adattabili, ma essere consapevoli del loro ambiente le aiuterà a prosperare meglio.

La raccolta delle piante coltivate indoor è un passo gratificante che incoraggia la crescita continua. Per erbe e micro-ortaggi, taglia solo le foglie superiori o taglia una parte delle verdure, lasciando ricrescere la base. Per le verdure, raccoglile quando sono completamente mature ma non troppo cresciute. L'uso di un piccolo paio di forbici o di cesoie da giardino per tagliare le piante può ridurre al minimo i danni, facilitando la guarigione della pianta e la continua produzione di nuove foglie o frutti.

Il giardinaggio indoor può essere un modo divertente e produttivo per garantire l'accesso a cibo fresco durante tutto l'anno. Seguendo questi suggerimenti e comprendendo le esigenze specifiche delle tue piante, puoi creare un giardino indoor affidabile che integri la tua dieta con verdure, erbe e verdure nutrienti. Che tu stia coltivando microgreens, coltivando erbe in vaso o sperimentando la coltura idroponica, il giardinaggio indoor offre un modo pratico e accessibile per migliorare l'autosufficienza. È un'abilità che non solo garantisce la sicurezza alimentare, ma porta anche la gioia del giardinaggio nella tua casa, anche se lo spazio o il clima non sono ideali per un giardino all'aperto.

Acquaponica e idroponica su piccola scala

L'acquaponica e l'idroponica sono sistemi innovativi per coltivare cibo in spazi limitati, combinando la crescita sostenibile delle piante con potenziali fonti proteiche. Entrambi i metodi ti consentono di coltivare piante indoor senza terra, utilizzando invece acqua ricca di sostanze nutritive. L'acquaponica prevede anche l'allevamento di pesci, che forniscono naturalmente nutrienti alle piante, creando un ecosistema equilibrato e produttivo. Questi sistemi sono sempre più popolari tra le persone interessate alla produzione alimentare sostenibile in casa, poiché risparmiano spazio, utilizzano l'acqua in modo efficiente e possono essere adattati a piccole aree.

La coltura idroponica è un metodo per coltivare piante senza suolo fornendo loro direttamente una soluzione acquosa ricca di sostanze nutritive. Questa configurazione è più semplice dell'acquaponica e richiede solo acqua, sostanze nutritive, una pompa per far circolare l'acqua e contenitori per le piante. Un sistema idroponico popolare è chiamato metodo della "coltura in acque profonde", in cui le radici delle piante sono sospese in un contenitore di acqua piena di sostanze nutritive. Una pompa ad aria mantiene l'acqua ossigenata, consentendo alle radici di assorbire i nutrienti e l'acqua in modo efficace. La coltura idroponica è particolarmente adatta per la coltivazione di verdure a foglia verde, erbe aromatiche e alcune verdure come i pomodori e, poiché le piante ricevono direttamente nutrienti essenziali, spesso crescono più velocemente che nel terreno.

Una configurazione idroponica di base può essere assemblata con un contenitore o un secchio di plastica, vasi in rete per contenere le piante e una pompa ad aria, che spesso può essere trovata nei negozi di animali per acquari. Una soluzione nutritiva, appositamente progettata per la coltura idroponica, fornisce minerali essenziali per la crescita delle piante. I vasi in rete consentono alle radici delle piante di pendere e accedere all'acqua sottostante. È importante monitorare regolarmente il pH dell'acqua, poiché le piante in un sistema idroponico sono più sensibili agli squilibri del pH. Mantenere un pH leggermente acido intorno a 5,5-6,5 è ottimale per la maggior parte delle piante.

Un altro sistema idroponico, chiamato tecnica del film nutritivo, utilizza un flusso poco profondo di soluzione nutritiva che scorre continuamente sulle radici delle piante. Questo metodo richiede un vassoio o un tubo inclinato in cui l'acqua possa fluire da un'estremità all'altra, consentendo alle radici di assorbire i nutrienti mentre rimangono nell'acqua. Il sistema ricicla l'acqua, rendendola altamente efficiente dal punto di vista idrico, ideale per preservare le risorse. I sistemi di film nutritivi sono più complessi da allestire ma sono efficaci per coltivare piante con apparato radicale poco profondo, come erbe aromatiche e lattuga.

Aquaponics fa un ulteriore passo avanti nell'idroponica incorporando i pesci nel sistema. In un impianto acquaponico, i pesci producono rifiuti che contengono ammoniaca, che si decompone naturalmente in nitrati, un nutriente benefico per le piante. L'acqua dell'acquario viene pompata alle piante, fornendo loro questi nutrienti e, a loro volta, le piante filtrano l'acqua, che viene poi restituita all'acquario in uno stato pulito. Questo sistema a circuito chiuso riduce gli sprechi, conserva l'acqua e fornisce due fonti alimentari: verdure e pesce.

Per avviare un semplice sistema acquaponico, avrai bisogno di un acquario, un letto di coltivazione per le piante, una pompa per spostare l'acqua tra i due e alcuni piccoli pesci. Le scelte di pesci più comuni includono tilapia, pesci rossi o piccole koi, poiché sono resistenti e possono adattarsi all'ambiente interno. I pesci vengono tenuti in una vasca e l'acqua piena di rifiuti viene pompata nel letto di coltivazione, dove le radici delle piante assorbono le sostanze nutritive. Ghiaia o ciottoli di argilla sono comunemente usati come mezzo nel letto di coltivazione, poiché forniscono supporto alle radici delle piante e aiutano a filtrare l'acqua.

Mantenere l'equilibrio in un sistema acquaponico è fondamentale. I pesci hanno bisogno di cibo adeguato, controllo della temperatura dell'acqua e ossigeno, mentre le piante richiedono un apporto costante di nutrienti e livelli di pH stabili.

Monitorare attentamente il sistema all'inizio è essenziale per garantire che i livelli di ammoniaca rimangano bassi e che i livelli di pH rimangano stabili. L'ammoniaca può essere tossica per i pesci, quindi se i livelli sono troppo alti, aumentare il numero di piante o regolare il flusso d'acqua può aiutare a bilanciare il sistema. Un intervallo di pH compreso tra 6,8 e 7,0 di solito funziona bene sia per le piante che per i pesci.

I pesci in un sistema acquaponico necessitano di un'alimentazione adeguata e qualsiasi cibo non consumato deve essere rimosso per prevenire l'accumulo di rifiuti in eccesso. Viene comunemente utilizzato il cibo commerciale per pesci, ma alcuni sistemi integrano vermi o altri organismi che possono aiutare a scomporre ulteriormente i rifiuti. Man mano che i pesci crescono, possono diventare una fonte di proteine, sebbene non tutti i sistemi acquaponici siano progettati per la raccolta dei pesci. Per i piccoli sistemi domestici, l'attenzione è spesso posta sulla produzione di piante, mentre i pesci svolgono un ruolo di supporto nel fornire nutrienti.

L'illuminazione è essenziale sia per i sistemi idroponici che per quelli acquaponici, soprattutto negli interni dove la luce naturale può essere limitata. Le luci progressive sono spesso utilizzate per integrare la luce solare e promuovere una crescita sana delle piante. Le luci di coltivazione a LED sono ideali perché sono efficienti dal punto di vista energetico e producono luce negli spettri necessari per la fotosintesi. Posizionando le luci 6-12 pollici sopra le piante e fornendo 12-16 ore di luce al giorno si crea un ciclo di crescita equilibrato, simile alle condizioni naturali.

Il controllo della temperatura è un altro fattore da considerare in entrambi i sistemi, poiché piante e pesci hanno requisiti di temperatura specifici. Le verdure a foglia verde come la lattuga o le erbe aromatiche si comportano bene a temperature più basse (60-75°F), mentre le temperature più calde

(25-80°F) sono adatte per pesci come la tilapia. Se le temperature fluttuano troppo, possono stressare sia le piante che i pesci, quindi mantenere un ambiente stabile è importante per il successo del sistema.

Uno dei maggiori vantaggi di questi sistemi è l'uso efficiente dell'acqua, in particolare l'acquaponica, che utilizza circa il 90% in meno di acqua rispetto al giardinaggio tradizionale. Poiché l'acqua viene costantemente ricircolata, è sufficiente aggiungerne periodicamente piccole quantità per sostituire quella persa per evaporazione e assorbimento da parte delle piante. Ciò rende questi sistemi particolarmente utili in aree con disponibilità idrica limitata o per coloro che desiderano praticare una produzione alimentare sostenibile.

Anche se avviare un sistema acquaponico o idroponico può sembrare complesso all'inizio, può essere semplificato con piccoli allestimenti per principianti. Sono disponibili molti kit preassemblati che forniscono l'attrezzatura di base e le istruzioni per iniziare. Questi kit spesso includono contenitori, pompe, luci di coltivazione e vasi in rete, rendendoli un'opzione conveniente per i principianti. Gli appassionati del fai da te possono anche costruire i propri sistemi utilizzando materiali convenienti come vasche di plastica, tubi in PVC o persino bottiglie riciclate per un approccio più conveniente.

La manutenzione regolare è essenziale per il successo a lungo termine. In entrambi i sistemi, controlla settimanalmente il pH e i livelli di nutrienti, pulisci la pompa dell'acqua per evitare intasamenti e ispeziona le piante per rilevare segni di carenza di nutrienti o parassiti. In acquaponica, monitorare la salute dei pesci e verificare la presenza di segni di stress, come comportamenti di nuoto insoliti o mancanza di appetito, poiché questi possono indicare problemi con la qualità dell'acqua.

La coltura idroponica e l'acquaponica offrono un modo pratico per produrre cibo fresco, anche in appartamenti o case con spazio esterno limitato. Forniscono verdure fresche, erbe aromatiche e potenzialmente pesce, il tutto da una struttura compatta che conserva l'acqua e massimizza il potenziale di crescita. Imparando le nozioni di base e tenendo d'occhio la salute del sistema, chiunque può godere di una fornitura costante di cibo nutriente che non richiede terreno tradizionale o ampi spazi all'aperto. Questi sistemi favoriscono anche una comprensione più profonda del funzionamento degli ecosistemi, poiché dimostrano l'equilibrio tra nutrienti, piante e animali, contribuendo a creare una fonte di cibo autosufficiente ed ecologica per il futuro.

Compostaggio per terreni ricchi di sostanze nutritive

Il compostaggio è un processo che trasforma gli avanzi di cibo e i rifiuti del giardino in terreno ricco di sostanze nutritive, che aiuta le piante a crescere sane e forti. Quando esegui il compostaggio, stai creando un modo per riciclare i rifiuti organici, come bucce di frutta, scarti di verdura e foglie, in un fertilizzante naturale. Ciò è utile per chiunque coltivi il proprio cibo, poiché il compostaggio trasforma i rifiuti che altrimenti potrebbero finire nella spazzatura in qualcosa che arricchisce il terreno e migliora la crescita delle piante. Configurare un sistema di compost è semplice, ecologico e può essere effettuato all'interno o all'esterno, a seconda dello spazio disponibile.

Per iniziare il compostaggio, è necessario un mix di due tipi principali di materiali: "verdi" e "marroni". Le verdure includono alimenti freschi e umidi come bucce di frutta e verdura, fondi di caffè e persino erba tagliata. Questi materiali aggiungono azoto al compost, essenziale per scomporre la materia organica. I marroni, invece, sono materiali secchi come foglie secche, cartone e carta. Aggiungono carbonio al compost, che aiuta a controllare l'umidità e impedisce al mucchio di diventare troppo bagnato o maleodorante. Un buon cumulo di compost ha un equilibrio sia di verde che di marrone, solitamente in un rapporto di circa una parte di verde e tre parti di marrone.

Per iniziare il compostaggio, avrai bisogno di un contenitore per il compost, che può essere acquistato o realizzato con materiali che già possiedi. È possibile creare un semplice contenitore per il compost da esterno utilizzando un contenitore di plastica o una scatola di legno con fori sui lati per il flusso d'aria. Una ventilazione adeguata è importante perché il compostaggio è un processo aerobico, il che significa che necessita di ossigeno. Senza ossigeno, il cumulo di compost potrebbe diventare viscoso e sviluppare un odore sgradevole. Se lo spazio è limitato o stai facendo il compostaggio in casa, un piccolo contenitore con coperchio può funzionare bene per gli scarti di cucina.

Quando aggiungi materiali al contenitore del compost, prova ad alternare strati di verde e marrone. Inizia con uno strato di marrone sul fondo, che aiuta con il drenaggio e l'aerazione. Successivamente, aggiungi uno strato di verdure, seguito da un altro strato di marroni e continua a stratificare man mano che aggiungi gli scarti. I pezzi più piccoli di avanzi di cibo e rifiuti di giardino si decompongono più rapidamente, quindi tagliare o triturare i materiali, in particolare oggetti più grandi come bucce di banana o ramoscelli, può accelerare il processo di compostaggio. Copri sempre gli avanzi di cibo con uno strato di marrone per mantenere la pila equilibrata e ridurre gli odori.

Girare regolarmente il cumulo di compost è un altro passo fondamentale per mantenere un compost sano. La rotazione aiuta a mescolare i materiali e introduce ossigeno fresco, che mantiene attivi e sani i microrganismi che scompongono i rifiuti. Se stai compostando in un grande contenitore esterno, usa una forca o una pala da giardino per girare il compost una volta ogni settimana o due. Per contenitori per compost da interni più piccoli, puoi mescolare il compost con un piccolo strumento o addirittura scuotere delicatamente il contenitore. Girare regolarmente il compost previene inoltre la formazione di grumi e aiuta a distribuire l'umidità in modo uniforme.

I livelli di umidità nel contenitore del compost dovrebbero essere simili a quelli di una spugna strizzata: non troppo bagnata, ma abbastanza umida da favorire la decomposizione. Se il cumulo di compost è troppo secco, la decomposizione rallenterà, mentre un'umidità eccessiva può causare cattivi odori. Se noti che il compost è troppo umido, aggiungere più marrone come foglie secche o carta triturata può aiutare a bilanciarlo. Se è troppo secco, aggiungi semplicemente un po' d'acqua o altre verdure per aumentare il contenuto di umidità.

Il compostaggio richiede tempo e pazienza poiché la materia organica si decompone gradualmente, ma inizierai a notare che il compost diventa più scuro, friabile e odora di terra man mano che matura. L'intero processo può richiedere da pochi mesi a un anno, a seconda di fattori quali la temperatura, le dimensioni del materiale e la frequenza con cui si gira la pila. Nella stagione calda, il compostaggio accelera, mentre le temperature fredde possono rallentarlo. Il compost finito, a volte chiamato "oro nero", è ricco di sostanze nutritive e può essere miscelato nel terreno per migliorare la salute delle piante.

Non tutto può finire nel contenitore del compost, quindi è importante sapere cosa evitare. Evita di aggiungere carne, latticini, oli o cibi grassi al compost, poiché possono attirare parassiti e produrre cattivi odori. Anche i rifiuti degli animali domestici, le piante malate e il legno trattato è meglio lasciarli fuori dal compost poiché possono introdurre batteri o sostanze chimiche dannose. Attenersi a materiali naturali e di origine vegetale garantisce che il compost rimanga sicuro e sano per l'uso in giardino.

Oltre a fornire sostanze nutritive, il compost migliora la struttura del suolo. Quando mescolato al terreno del giardino, il compost aggiunge materia organica che aiuta il terreno sabbioso a trattenere l'umidità e il terreno argilloso pesante a drenare meglio. Promuove inoltre la crescita di microrganismi benefici e lombrichi, che contribuiscono entrambi a un terreno sano. Ciò significa che le piante coltivate in un terreno arricchito con compost tendono ad essere più robuste, producono più frutti e fiori e sono generalmente più capaci di resistere a parassiti e malattie.

Se sei interessato al compostaggio in ambienti chiusi, esiste un metodo chiamato vermicomposting che utilizza i vermi per aiutare a scomporre rapidamente gli avanzi di cibo. Il vermicompostaggio è particolarmente utile in piccoli spazi perché non richiede la rotazione e i vermi svolgono la maggior parte del lavoro. Tutto ciò di cui hai bisogno è un contenitore con fori di ventilazione, della lettiera come giornali o cartone sminuzzati, un po' di terra e dei vermi rossi. Questi vermi mangiano gli avanzi di cibo, producendo una sostanza ricca di sostanze nutritive chiamata pezzi di lombrico, che è eccellente per le piante. I contenitori per il vermicompostaggio possono essere conservati in un armadio, in un seminterrato o in cucina purché non siano esposti alla luce solare diretta o a temperature estreme.

Per chi dispone di spazi esterni più ampi, è possibile mantenere un cumulo di compost direttamente sul terreno anziché in un contenitore. Ammucchiare verdure e marroni in un'area designata e girarle regolarmente è sufficiente per creare il compost, anche se potrebbe essere più lento di un contenitore confinato. Alcuni giardinieri preferiscono questo metodo poiché consente ai lombrichi e ad altri insetti utili di accedere al compost in modo naturale.

Coprire il mucchio con un telo può aiutare a trattenere l'umidità e mantenerlo caldo, soprattutto nei mesi più freddi.

Quando il compost è pronto, può essere utilizzato in diversi modi nel giardino. Mescolalo direttamente nelle aiuole per arricchire il terreno prima di piantare, oppure cospargilo attorno alla base delle piante come fertilizzante naturale. Il compost può anche essere aggiunto alle piante in vaso o utilizzato per preparare il compost tea, un fertilizzante liquido ottenuto immergendo il compost in acqua, che può essere spruzzato sulle piante per fornire un ulteriore apporto di sostanze nutritive.

Il compostaggio non solo aiuta a far crescere piante più forti, ma riduce anche la quantità di rifiuti che finiscono nelle discariche. Gli avanzi di cibo e i rifiuti del giardino costituiscono una parte significativa dei rifiuti domestici e il compostaggio trasforma questi materiali in qualcosa di prezioso. Questo processo semplice e naturale è un modo pratico per sostenere sia il tuo giardino che l'ambiente, permettendoti di creare una risorsa sostenibile e ricca di sostanze nutritive dai rifiuti quotidiani.

Imparando a compostare, ti unisci a una tradizione secolare di arricchimento del suolo che ha aiutato le persone a coltivare piante sane per generazioni. Che tu scelga un contenitore per interni, un cumulo di compost per esterni o un contenitore per i lombrichi, il compostaggio può diventare un'abitudine gratificante che contribuisce a uno stile di vita più autosufficiente ed ecologico. Questo compost ricco di sostanze nutritive che creerai sosterrà piante più sane e contribuirà alla produzione alimentare sostenibile direttamente a casa.

CAPITOLO 7

Strategie nutrizionali per diversi scenari

Emergenze a breve termine

Durante le emergenze a breve termine, come interruzioni di corrente o disastri naturali, avere a disposizione opzioni alimentari rapide e accessibili può fare una grande differenza nel mantenere te e la tua famiglia nutriti, calmi ed energici. Poiché l'elettricità potrebbe non essere disponibile, è importante fare affidamento su alimenti che non richiedono cottura o refrigerazione e che siano facili da preparare o consumare direttamente dalla confezione. L'obiettivo è mantenere nutrimento ed energia minimizzando sforzi e risorse.

Gli alimenti non deperibili sono ideali in queste situazioni perché possono essere conservati per lunghi periodi e non si deteriorano senza refrigerazione. I prodotti in scatola sono una delle migliori opzioni per le emergenze a breve termine. Alimenti come fagioli in scatola, tonno, pollo e verdure forniscono nutrienti e proteine essenziali. Molti prodotti in scatola possono essere consumati freddi se non è possibile riscaldarli, anche se hanno un sapore migliore riscaldati. Avere un apriscatole manuale è fondamentale nel caso in cui non si possa fare affidamento sugli utensili elettrici da cucina. Alcuni articoli in scatola sono dotati di linguette a strappo, che ne rendono ancora più facile l'accesso durante le emergenze.

Gli snack a scaffale sono un'altra ottima scelta per le emergenze a breve termine. Le barrette di muesli, le barrette proteiche, le noci, i semi, la frutta secca e il mix di tracce sono alimenti compatti e ad alto contenuto energetico che offrono nutrienti e calorie. Questi snack sono facili da conservare, non richiedono preparazione e forniscono una rapida carica di energia. Noci e semi, ad esempio, sono ricchi di grassi sani, proteine e fibre, che aiutano a farti sentire sazio più a lungo. La frutta secca è una buona fonte di vitamine, minerali e zuccheri naturali per produrre energia. Insieme, questi tipi di snack creano un mix equilibrato di carboidrati, proteine e grassi essenziali per sostenere l'energia.

Gli alimenti monodose sono pratici nelle emergenze a breve termine perché riducono gli sprechi e facilitano il controllo delle porzioni. Le confezioni monodose di burro di arachidi, burro di mandorle o creme di formaggio sono nutrienti e possono essere consumate con cracker o pane per un pasto veloce. Questi alimenti contengono proteine e grassi sani, aiutando a soddisfare la fame. Piccole confezioni di composta di mele, coppe di frutta e succhi in scatola possono fornire vitamine e idratazione, anche se è essenziale verificare che siano conservati a temperatura ambiente e non richiedano refrigerazione. Molti negozi offrono anche confezioni monodose di cereali, farina d'avena o zuppa secca, che possono essere altrettanto convenienti.

L'idratazione è un'altra considerazione chiave durante le emergenze a breve termine. L'accesso all'acqua potabile pulita potrebbe essere limitato, quindi è importante avere a disposizione una fornitura di acqua in bottiglia. La raccomandazione generale è di avere almeno un litro d'acqua a persona al giorno, sia per bere che per le esigenze igieniche di base. Oltre all'acqua in bottiglia, possono essere utili bevande elettrolitiche o pacchetti di elettroliti in polvere per prevenire la disidratazione, soprattutto se è necessaria un'attività fisica o se qualcuno non si sente bene. Le polveri elettrolitiche possono essere conservate facilmente e mescolate con acqua secondo necessità, fornendo minerali essenziali come sodio, potassio e magnesio.

Le opzioni sostitutive dei pasti possono essere utili per le emergenze a breve termine poiché forniscono un'alimentazione completa in un unico pacchetto. I sostituti del pasto in polvere o i frullati ipercalorici sono progettati per offrire quantità equilibrate di carboidrati, proteine, grassi, vitamine e minerali. Questi articoli sono facili da conservare e preparare, basta mescolarli con acqua se in polvere o consumarli direttamente se già pronti. Avere alcune opzioni sostitutive del pasto garantisce un apporto completo di nutrienti, anche se gli altri alimenti sono limitati.

Un altro tipo di cibo utile per le emergenze a breve termine sono i pasti liofilizzati, spesso utilizzati dai campeggiatori e dai viaggiatori con lo zaino in spalla. Questi pasti sono leggeri, facili da conservare e veloci da preparare, in genere richiedono solo l'aggiunta di acqua calda. Sebbene gli alimenti liofilizzati tendano ad essere più costosi dei prodotti in scatola, offrono una durata di conservazione più lunga e una varietà di opzioni per i pasti, dai piatti di pasta agli stufati di verdure. Se hai accesso a un fornello da campeggio o a una fonte di calore portatile, i pasti liofilizzati possono essere un'opzione confortante e nutriente.

Pane e cracker possono servire come base rapida e abbondante per vari pasti di emergenza. Cracker integrali, torte di riso e pane a lunga conservazione come la pita o la focaccia forniscono carboidrati per produrre energia. Abbinali a burro di noci, carne in scatola o formaggi spalmabili crea un pasto più equilibrato che non necessita di cottura. Alcuni cracker e gallette di riso sono anche arricchiti con vitamine e minerali, aggiungendo ulteriore nutrimento alle tue opzioni alimentari di emergenza.

Anche cibi istantanei come ramen noodles o cup noodles possono essere utili nelle emergenze a breve termine. Sebbene non siano i più ricchi di nutrienti, sono sazianti e veloci da preparare se hai un modo per riscaldare l'acqua. Inoltre, aggiungere verdure in scatola o una fonte di proteine come i fagioli in scatola agli spaghetti istantanei può aiutare a migliorare il loro valore nutrizionale.

Poiché le emergenze a breve termine possono essere stressanti, avere cibi di conforto a portata di mano può sollevare lo spirito e fornire un senso di normalità. Articoli come zuppe in scatola, miscele di cioccolata calda o persino caffè solubile possono offrire un confortante sapore di casa nei momenti difficili. Sebbene non siano strettamente necessari, i cibi di conforto possono rendere l'esperienza più gestibile e fornire una spinta mentale.

È anche utile avere alcuni condimenti di base, come sale, pepe, zucchero e spezie. Questi semplici ingredienti possono esaltare il sapore degli alimenti in scatola o confezionati, rendendo i pasti più piacevoli. Piccoli pacchetti di condimenti come ketchup, senape, salsa di soia e condimenti per l'insalata non richiedono refrigerazione e possono essere conservati facilmente.

Per coloro che hanno accesso a metodi di cottura alternativi, come un fornello da campeggio, un grill portatile o un fornello solare, la gamma di opzioni alimentari si espande leggermente. Una fonte di calore portatile ti consente di riscaldare cibi in scatola, far bollire l'acqua per la farina d'avena o gli spaghetti istantanei e persino preparare alcuni pasti confezionati. Tuttavia, è importante seguire sempre le precauzioni di sicurezza quando si utilizzano questi strumenti in ambienti chiusi, poiché alcuni potrebbero produrre monossido di carbonio o richiedere un'adeguata ventilazione.

Prepararsi alle emergenze a breve termine significa anche avere un piano per la gestione degli sprechi e degli avanzi alimentari. Senza refrigerazione, il cibo non consumato può deteriorarsi rapidamente, quindi è meglio evitare di aprire lattine o confezioni più grandi che non possono essere consumate in una sola volta. Scegliere prodotti più piccoli e monodose può aiutare a ridurre gli sprechi alimentari e garantisce che non sarà necessario conservare gli avanzi. Se avete degli avanzi, conservarli in contenitori ermetici e consumarli entro poche ore è una buona regola pratica.

È importante controllare regolarmente le date di scadenza delle scorte alimentari di emergenza. Ruotare gli articoli nella dispensa e sostituirli con prodotti freschi può aiutare a garantire che il cibo rimanga sicuro e nutriente. Cerca di rivedere le tue scorte di emergenza ogni sei mesi, scartando eventuali articoli scaduti e rifornindoli secondo necessità.

Nelle emergenze a breve termine, mantenere le cose semplici è fondamentale. Gli alimenti veloci e pronti da mangiare sono più pratici dei pasti elaborati e ti consentono di concentrarti sulla sicurezza e sulla cura dei bisogni essenziali. Selezionando una varietà di alimenti non deperibili e ricchi di nutrienti e considerando l'idratazione, puoi creare una strategia alimentare che mantenga te e la tua famiglia ben nutriti e preparati ad affrontare qualsiasi sfida si presenti. Pianificare in anticipo opzioni alimentari accessibili ed equilibrate può ridurre lo stress e rendere più facili da gestire le emergenze a breve termine.

Gestione delle crisi a lungo termine

La gestione delle crisi a lungo termine implica avere un piano sostenibile per il cibo, garantendo che le scorte durino e rimangano nutrienti nel tempo. A differenza delle emergenze a breve termine, le crisi a lungo termine richiedono strategie continue per coltivare, conservare e ruotare il cibo per mantenere una dieta equilibrata e soddisfare le esigenze nutrizionali.

Coltivare il proprio cibo è uno dei modi migliori per gestire le scorte alimentari in una crisi prolungata. Il giardinaggio domestico su piccola scala può produrre verdure, erbe aromatiche e persino alcuni frutti. Scegliere piante facili da coltivare e che forniscono rendimenti elevati, come pomodori, peperoni, lattuga e carote, può garantire una fornitura alimentare costante. Gli ortaggi a radice come le patate e le patate dolci sono particolarmente utili perché saziano, sono nutrienti e si conservano bene. Il giardinaggio indoor utilizzando vasi, giardini verticali o sistemi idroponici può essere efficace per spazi limitati. Erbe come basilico, prezzemolo e menta possono essere coltivate in piccoli contenitori e aggiungono sapore e sostanze nutritive ai pasti.

Mantenere un orto che produce continuamente è importante per un piano alimentare sostenibile. Ciò può comportare una semina scaglionata, in cui si piantano semi in momenti diversi per avere un raccolto continuo. Ad esempio, piantare verdure a foglia ogni due settimane può garantire che gli ingredienti freschi per l'insalata siano sempre disponibili. Per ottenere il massimo dalle tue piante, è essenziale conoscere le stagioni di crescita delle diverse colture. Capire quando piantare e raccogliere ciascun tipo di verdura aiuterà a massimizzare la resa.

La conservazione del cibo svolge un ruolo importante nella gestione delle crisi a lungo termine perché consente di risparmiare cibo dai raccolti e di estendere le scorte attraverso lo stoccaggio. L'inscatolamento è un metodo popolare per conservare verdure, frutta e persino carne. Questo processo richiede barattoli, coperchi e un contenitore a pressione o a bagnomaria, a seconda del tipo di cibo. Gli alimenti acidi, come pomodori e frutta, possono essere conservati in un contenitore a bagnomaria, mentre gli alimenti a basso contenuto di acido, come la carne e la maggior parte delle verdure, richiedono un contenitore a pressione. Una corretta conservazione può mantenere il cibo sicuro da mangiare per mesi o addirittura anni, rendendolo un modo affidabile per conservare il raccolto.

La disidratazione è un altro metodo di conservazione che funziona bene per frutta, verdura ed erbe aromatiche. Gli alimenti disidratati occupano meno spazio e non necessitano di refrigerazione. Puoi usare un essiccatore per alimenti, un forno a fuoco basso o anche far seccare all'aria alcuni alimenti, come le erbe aromatiche. L'essiccazione del cibo rimuove l'umidità, impedendo la crescita di batteri e muffe, così il cibo rimane al sicuro. Gli alimenti disidratati sono leggeri e facili da conservare, il che li rende convenienti per le emergenze. Ad esempio, mele, carote e peperoni essiccati possono essere reidratati in seguito per aggiungere sapore e sostanze nutritive ai pasti.

Il congelamento può essere un buon metodo se si dispone di un accesso affidabile all'energia elettrica o a un generatore di riserva. Gli alimenti surgelati conservano bene le loro sostanze nutritive e hanno una lunga durata. Il congelamento è ottimo per preservare il raccolto in eccesso, le carni e i piatti pronti. Tuttavia, è importante organizzare attentamente il congelatore per evitare il sovraffollamento, che può limitare il flusso d'aria e portare a un congelamento irregolare. Gli alimenti devono essere collocati in sacchetti o contenitori adatti al congelatore ed etichettati con le date per facilitare il monitoraggio della freschezza.

La fermentazione è un'antica tecnica di conservazione particolarmente utile in situazioni a lungo termine. Alimenti come il cavolo (per preparare i crauti), i cetrioli (per i sottaceti) e persino il latte (per lo yogurt) possono essere fermentati per durare più a lungo e fornire probiotici benefici. La fermentazione richiede pochissime risorse; un barattolo, sale e acqua sono spesso sufficienti e il processo crea naturalmente un ambiente acido che preserva il cibo. Gli alimenti fermentati possono aggiungere importanti nutrienti alla dieta, come vitamine ed enzimi, e sono eccellenti per la salute dell'apparato digerente.

La rotazione delle forniture alimentari è fondamentale per garantire la freschezza e ridurre al minimo gli sprechi. Ciò comporta l'organizzazione delle scorte in modo che gli articoli più vecchi vengano utilizzati per primi e quelli nuovi vengano posizionati in fondo. Etichettare ciascun articolo con la data in cui è stato conservato aiuta a tenere traccia delle date di scadenza. È possibile implementare un sistema first-in, first-out, in cui le forniture più vecchie vengono posizionate nella parte anteriore degli scaffali o dei contenitori di stoccaggio per essere utilizzate per prime. La rotazione regolare delle forniture significa che avrai meno probabilità di dover affrontare cibi scaduti o avariati e garantisce che la tua dieta includa un mix di cibi freschi e conservati.

Creare un piano alimentare per le crisi a lungo termine può aiutare a garantire una dieta equilibrata e a sfruttare al massimo le scorte disponibili. Pianificare i pasti in base a ciò che hai e a ciò che è di stagione può ridurre al minimo gli sprechi. Se coltivi cibo, basa il tuo piano alimentare sui prodotti attualmente raccolti. Ad esempio, durante l'alta stagione dei pomodori, potresti pianificare i pasti utilizzando i pomodori freschi e poi conservare o essiccare l'eventuale eccedenza. Incorporare cibi conservati quando le scorte fresche sono scarse manterrà anche i pasti vari e nutrienti.

Se si hanno le risorse necessarie, le fonti proteiche animali come polli, conigli e pesce possono essere incluse in una strategia alimentare sostenibile. I polli forniscono sia uova che carne e richiedono relativamente poco spazio e cure. I pesci possono essere allevati in sistemi acquaponici che coltivano anche piante, creando un piccolo ecosistema che supporta sia la vita vegetale che animale. Il bestiame fornisce proteine di alta qualità e aggiunge varietà ai pasti, facilitando il mantenimento di un'alimentazione equilibrata nel tempo. Tuttavia, l'allevamento degli animali richiede una pianificazione delle loro esigenze di cibo, riparo e acqua.

Integrare la dieta con vitamine e minerali può aiutare a colmare eventuali lacune causate dalla carenza di cibo fresco. Gli integratori multivitaminici, di calcio e di vitamina D possono garantire il soddisfacimento dei bisogni nutrizionali di base. Questi integratori sono particolarmente utili durante l'inverno o nei periodi in cui la produzione alimentare è inferiore. Sebbene gli integratori non sostituiscano una dieta equilibrata, forniscono nutrienti essenziali che potrebbero essere più difficili da ottenere solo dagli alimenti immagazzinati o conservati.

Stabilire un sistema per la gestione delle scorte aiuta a tenere traccia di tutte le scorte di cibo ed evita che finiscano inaspettatamente. Ciò può comportare la tenuta di un registro di ciascun articolo in magazzino, comprese le quantità, le date di scadenza e il luogo in cui sono archiviati. La revisione regolare di questo inventario e l'annotazione di eventuali articoli in esaurimento consentono di rifornire tempestivamente o di coltivare una maggiore quantità di determinati alimenti. Un semplice elenco su carta o su un foglio di calcolo può semplificare il monitoraggio e la gestione della conservazione degli alimenti.

I piani di emergenza per carenze impreviste possono essere molto utili. Se un particolare raccolto fallisce o non riesci a conservare la quantità di cibo prevista, può essere utile avere una scorta di riserva di articoli non deperibili come riso, pasta o fagioli. Questi alimenti hanno una lunga durata di conservazione e forniscono l'energia e le proteine necessarie per mantenere la salute in tempi difficili.

Infine, praticare e sperimentare varie tecniche e ricette di conservazione prima che si verifichi una crisi può fare una grande differenza. Imparare a conservare, disidratare o fermentare in modo efficace richiede tempo e pratica, quindi è meglio iniziare quando non sei in una situazione di emergenza. Testare ricette che utilizzano alimenti conservati garantisce che siano piacevoli e nutrienti. Provare diversi metodi di conservazione aiuta anche a determinare quali funzionano meglio per le tue esigenze e preferenze.

Una crisi a lungo termine richiede un approccio ponderato alla pianificazione alimentare, che combini l'autosufficienza con un'attenta conservazione, conservazione e rotazione. Coltivando una varietà di alimenti, preservando il raccolto in eccesso e organizzando le forniture in modo efficace, è possibile creare un sistema alimentare sostenibile che supporti la salute e il benessere. Queste strategie aiutano a garantire che tu e la tua famiglia abbiate accesso a cibo sicuro e nutriente anche in emergenze prolungate.

Adattabilità al clima e alle esigenze regionali

Adattare un piano alimentare di emergenza ai diversi climi, alla disponibilità alimentare regionale e agli ecosistemi locali è fondamentale per garantire un approccio sostenibile e pratico alla sicurezza alimentare. Regioni diverse offrono sfide e risorse uniche e personalizzare il piano alimentare in base a questi fattori aumenta la resilienza e l'autosufficienza nei momenti di bisogno.

Nei climi più caldi, soprattutto quelli con stagioni di crescita estese, c'è il vantaggio di poter coltivare un'ampia gamma di colture quasi tutto l'anno. Le aree tropicali e subtropicali consentono la coltivazione di verdure, frutta e persino fonti proteiche come fagioli e legumi con meno interruzioni stagionali. Ad esempio, in un clima tropicale, gli ortaggi a radice come le patate dolci, le patate dolci e la manioca prosperano, fornendo una fonte affidabile di calorie. Allo stesso modo, frutti come banane, mango e papaia crescono bene, offrendo vitamine e fibre essenziali. Tuttavia, queste regioni calde possono affrontare sfide con la conservazione degli alimenti perché le alte temperature possono portare al deterioramento. In tali aree, metodi come la disidratazione e la fermentazione possono aiutare a conservare il cibo per periodi prolungati. Gli essiccatori solari, ad esempio, sfruttano l'abbondante luce solare per essiccare frutta, verdura e persino pesce o carne, riducendo l'umidità e prevenendo la crescita batterica.

Nei climi più freddi, dove le stagioni di crescita sono brevi, concentrati su colture che maturano rapidamente e tollerano il freddo. Verdure resistenti come cavoli, carote, barbabietole e patate sono alimenti base nelle regioni temperate grazie alla loro resilienza e densità di nutrienti. Anche le zucche e le zucche invernali si conservano bene in ambienti freschi, rendendole opzioni pratiche per la conservazione a lungo termine. Nelle regioni con inverni gelidi, cantine o celle frigorifere possono conservare i prodotti freschi, mentre il congelamento può funzionare efficacemente come metodo di conservazione se è disponibile energia elettrica. La pianificazione del giardinaggio indoor, come la coltivazione di microgreens o la germinazione dei semi, fornisce ulteriore cibo fresco anche quando il giardinaggio all'aperto non è fattibile durante i mesi invernali.

Nelle regioni desertiche con acqua limitata, è essenziale selezionare colture resistenti alla siccità e concentrarsi sulla conservazione dell'acqua. Piante come cactus, alcuni fagioli ed erbe resistenti alla siccità possono fornire nutrimento richiedendo una quantità minima di acqua. Una tecnica chiamata xeriscaping, in cui vengono coltivate piante con scarso fabbisogno idrico, aiuta a conservare l'acqua nelle zone aride. Inoltre, l'utilizzo di tecniche di risparmio idrico come l'irrigazione a goccia e la raccolta dell'acqua piovana può massimizzare le risorse disponibili. Nelle regioni in cui l'acqua dolce scarseggia, la conservazione degli alimenti attraverso la disidratazione anziché l'inscatolamento o la fermentazione riduce il consumo di acqua e garantisce che le scorte alimentari rimangano vitali nel tempo.

Le regioni costiere offrono un accesso unico ai prodotti ittici, che possono rappresentare un'eccellente fonte proteica in un piano di emergenza. Pesci, crostacei e alghe abbondano in queste aree, fornendo importanti nutrienti, tra cui proteine, acidi grassi omega-3 e minerali. Le alghe, che sono ricche di nutrienti e crescono rapidamente, possono essere essiccate e conservate facilmente. In un piano alimentare di emergenza costiera, la conservazione del pesce attraverso metodi come l'affumicatura, l'essiccazione o l'inscatolamento garantisce che le proteine rimangano disponibili anche se il pescato fresco diventa inaccessibile. Imparare a cercare piante costiere selvatiche e molluschi aggiunge ulteriore diversità e sostentamento al piano.

Le regioni montuose hanno spesso condizioni di crescita difficili, ma possono fornire opportunità di foraggiamento per commestibili selvatici come funghi, bacche e noci. Il giardinaggio ad alta quota in genere trae vantaggio da aiuole rialzate, serre e piante a crescita bassa adattate alle temperature più fresche. Le colture resistenti, tra cui verdure a foglia verde, ravanelli e patate, crescono bene in queste aree. Inoltre, il bestiame come le capre, che ben si adatta ai terreni accidentati, può fornire latte, carne e persino fertilizzanti naturali per un sistema sostenibile. La conservazione degli alimenti nelle regioni ad alta quota può richiedere attenzione ai cambiamenti nei punti di ebollizione per l'inscatolamento, poiché una pressione atmosferica inferiore influisce sui tempi di cottura e conservazione.

Nelle aree boschive, la ricerca del cibo è un'abilità preziosa per integrare le scorte alimentari di emergenza. Le piante selvatiche come il tarassaco, le ghiande e i frutti di bosco sono ampiamente disponibili e nutrienti. La frutta secca di alberi come noci, castagne e nocciole offre grassi e proteine essenziali che sono fondamentali in una dieta di emergenza. Le aree boschive offrono anche un vantaggio per la costruzione di sistemi alimentari sostenibili incorporando l'agroforestazione, dove alberi e arbusti destinati alla produzione alimentare coesistono con piante autoctone. Questo approccio preserva la biodiversità e crea un ecosistema autosufficiente. La conservazione degli alimenti nelle regioni boschive può trarre vantaggio dall'ombra e dai microclimi freschi, utilizzando la refrigerazione naturale proveniente da corsi d'acqua o aree di conservazione frigorifera.

Negli ambienti urbani, adattare un piano alimentare di emergenza significa massimizzare lo spazio limitato per la produzione alimentare. I giardini sul tetto, il giardinaggio in container e la coltura idroponica verticale sono ideali per le aree urbane dove lo spazio sul terreno è scarso. Coltivare piante ad alto rendimento come pomodori, peperoni e lattuga può fornire prodotti freschi in piccoli spazi. Gli orti comunitari possono anche essere una risorsa per chi ha un accesso limitato ai terreni privati. I preparatori urbani possono fare maggiore affidamento sui cibi conservati, poiché le opzioni di cibo fresco sono limitate. I prodotti in scatola, i pasti essiccati e i prodotti liofilizzati forniscono calorie e sostanze nutritive essenziali e hanno una lunga durata. Imparare a conservare il cibo in quantità minori e a ruotare frequentemente le scorte può garantire un approvvigionamento alimentare affidabile in aree dense dove lo spazio è limitato.

Non importa la regione, è importante familiarizzare con i commestibili selvatici locali e le pratiche alimentari tradizionali. Ogni ecosistema ha piante, animali e pratiche che hanno sostenuto le persone per generazioni. Imparare a identificare piante selvatiche sicure e nutrienti può integrare una dieta in caso di emergenza, fornendo sostanze nutritive che potrebbero essere difficili da trovare nei negozi convenzionali. Ad esempio, in molte regioni, le foglie di tarassaco, la portulaca e i quarti di agnello sono verdure commestibili e nutrienti che si trovano allo stato selvatico. Queste piante vengono spesso ignorate ma possono diventare preziose fonti di cibo in tempi di scarsità.

La personalizzazione di un piano alimentare di emergenza si estende anche alla considerazione della disponibilità stagionale. Nella maggior parte delle regioni, alcuni alimenti sono più accessibili in determinati periodi dell'anno. Un piano alimentare flessibile si adatta in base a ciò che è disponibile, incorporando cibi freschi di stagione e conservandoli per un uso successivo. Ad esempio, nelle regioni con frutteti di mele, la fine dell'estate e l'autunno sono i periodi migliori per raccogliere e conservare le mele attraverso l'essiccazione, l'inscatolamento o la preparazione della salsa di mele. Pianificare i pasti in base agli alimenti di stagione garantisce una fornitura costante di opzioni fresche quando disponibili e di opzioni conservate durante la bassa stagione.

Selezionare le colture di base regionali, ovvero quelle che crescono bene a livello locale e forniscono nutrienti essenziali, è una strategia efficace per adattarsi alle diverse aree. Le colture di base come mais, riso e fagioli nei climi caldi, o avena e orzo nei climi più freddi, forniscono la maggior parte dell'energia e dei nutrienti a molte persone in tutto il mondo. Includere questi alimenti di base in un piano alimentare, coltivandoli o conservandoli in magazzino, garantisce che l'approvvigionamento alimentare rimanga affidabile ed economicamente vantaggioso.

Lo stoccaggio e il filtraggio dell'acqua sono vitali per qualsiasi piano alimentare di emergenza, ma l'approccio dipende dalla disponibilità idrica regionale. Nelle aree con precipitazioni affidabili, la raccolta dell'acqua piovana può essere una soluzione sostenibile. Nelle regioni aride o secche, potrebbe essere necessaria una maggiore attenzione alla conservazione dell'acqua, alla purificazione e possibilmente allo scavo di pozzi. Mantenere strumenti per la purificazione dell'acqua, come filtri o compresse per purificazione, garantisce acqua potabile sicura, che è particolarmente importante per la preparazione e la cottura dei cibi. L'acqua pulita è fondamentale per reidratare gli alimenti secchi, cucinare i cereali e mantenere l'igiene, quindi avere una fonte d'acqua affidabile è importante quanto avere scorte di cibo adeguate.

La pianificazione per climi diversi, opzioni alimentari locali e condizioni regionali migliora la sostenibilità di una strategia alimentare di emergenza. Apportando modifiche alla temperatura, al fabbisogno idrico, ai raccolti disponibili e ai commestibili selvatici locali, puoi garantire che il piano soddisfi le esigenze dell'ambiente in cui vivi. Questo approccio ponderato non solo migliora la resilienza durante una crisi, ma ti connette anche con le risorse naturali che ti circondano, creando un sistema alimentare di emergenza equilibrato e pratico.

CAPITOLO 8

Monitoraggio e adeguamento del piano nutrizionale di emergenza

Monitoraggio dell'apporto nutrizionale

Monitorare l'apporto nutrizionale è un passo importante per garantire che il corpo riceva il giusto equilibrio di nutrienti, soprattutto durante le situazioni di emergenza quando le opzioni alimentari possono essere limitate. Il monitoraggio dell'assunzione giornaliera può aiutare a prevenire carenze, mantenere l'energia e sostenere la salute generale. Sebbene alcuni alimenti possano essere conservati in grandi quantità, per garantire che soddisfino i fabbisogni nutrizionali è necessario un attento equilibrio di proteine, carboidrati, grassi, vitamine e minerali.

Iniziare con le conoscenze nutrizionali di base aiuta a gettare basi solide. I nutrienti essenziali includono macronutrienti (proteine, carboidrati e grassi) e micronutrienti (vitamine e minerali). Le proteine sono fondamentali per il mantenimento dei muscoli e il sostegno del sistema immunitario. I carboidrati sono la principale fonte di energia del corpo, mentre i grassi aiutano con la funzione cerebrale e forniscono anche energia. Vitamine e minerali supportano innumerevoli funzioni del corpo, come la salute delle ossa, la formazione dei globuli rossi e il funzionamento del sistema nervoso. Ogni pasto dovrebbe idealmente includere un mix di questi nutrienti, anche in un contesto di emergenza, per mantenere il corretto funzionamento del corpo.

Per monitorare l'assunzione di cibo, un semplice diario alimentare può essere uno strumento utile. Un diario alimentare non richiede software o gadget speciali, basta un quaderno o un pezzo di carta per registrare pasti e spuntini. Ogni volta che si consuma cibo, prendere nota di ciò che è stato mangiato, delle dimensioni approssimative delle porzioni e del contenuto di nutrienti, se noto. Nel tempo, questo aiuta a creare un registro per capire se determinati nutrienti sono costantemente carenti. Ad esempio, se mancano alimenti ricchi di proteine come fagioli, noci o carne in scatola, è possibile apportare modifiche per garantire un apporto adeguato. Il diario alimentare aiuta anche a tenere traccia dell'assunzione di acqua, che è importante quanto il cibo.

Quando si monitorano i nutrienti, è utile familiarizzare con le etichette nutrizionali sugli alimenti confezionati, poiché forniscono un rapido riepilogo di calorie, macronutrienti, vitamine e minerali. Per gli alimenti senza etichetta, come gli alimenti essiccati o conservati in casa, l'utilizzo di una guida nutrizionale può fornire una stima. Informazioni di base sui comuni alimenti di emergenza, come riso, fagioli, verdure in scatola e frutta secca, possono essere trovate nelle tabelle nutrizionali, che spesso elencano calorie e contenuto di nutrienti per porzione. Confrontare le etichette degli alimenti o controllare le informazioni nutrizionali online come riferimento può garantire che i pasti di ogni giorno siano bilanciati.

Per coloro che sono interessati a un approccio digitale, sono disponibili diverse app di monitoraggio nutrizionale. Queste app consentono agli utenti di inserire i pasti, con database che coprono migliaia di alimenti, inclusi articoli in scatola ed essiccati che si trovano comunemente nelle scorte di emergenza. Molte app suddividono l'assunzione in macronutrienti e alcuni micronutrienti, rendendo facile vedere se i pasti della giornata soddisfano le esigenze nutrizionali. Opzioni come MyFitnessPal, Cronometro e Lose It! hanno versioni gratuite e sono accessibili su dispositivi mobili, anche se è saggio garantire l'accesso all'alimentazione o alla ricarica in caso di emergenza. Molte di queste app consentono anche la registrazione offline, che può essere una funzionalità utile quando la connettività Internet è limitata.

Quando crei un sistema di monitoraggio, dai la priorità all'assunzione di proteine, poiché può essere difficile ottenere abbastanza proteine in determinati scenari di emergenza. Le proteine aiutano a prevenire la perdita muscolare e forniscono energia per attività fisicamente impegnative. Monitorare le fonti proteiche come fagioli, lenticchie, carne in scatola, noci, semi e persino uova essiccate garantisce che ogni giorno ne includa quantità sufficienti. Cerca di consumare almeno un alimento ricco di proteine in ogni pasto o spuntino. La combinazione di proteine con cereali integrali come riso, avena o pasta aggiunge aminoacidi essenziali, creando proteine complete a beneficio del corpo.

Le calorie sono un altro fattore critico nel monitorare l'apporto nutrizionale, soprattutto nelle emergenze che richiedono uno sforzo fisico, come la raccolta di risorse o lo spostamento delle scorte. Il monitoraggio delle calorie garantisce che venga consumato cibo sufficiente per prevenire affaticamento o debolezza. Le calorie provengono principalmente da carboidrati e grassi, quindi assicurati di includere fonti come riso, pasta, zuppe in scatola e oli vegetali nei pasti. Quando il fabbisogno calorico è più elevato, l'aggiunta di un cucchiaio di burro di arachidi, noci o frutta secca aumenta l'energia senza la necessità di mangiare grandi quantità.

Vitamine e minerali sono necessari ma spesso più difficili da monitorare, soprattutto se i prodotti freschi sono limitati. Elementi comuni di scorta di emergenza come frutta e verdura in scatola, cibi secchi e cereali arricchiti aiutano a fornire questi nutrienti. Gli alimenti in scatola trattengono vitamine e minerali abbastanza bene e possono supportare l'assunzione di nutrienti essenziali come vitamina C, potassio e fibre. Poiché può essere difficile ottenere abbastanza vitamine esclusivamente dagli alimenti conservati, valuta la possibilità di includere un integratore multivitaminico nel piano di emergenza. I multivitaminici possono colmare eventuali lacune e sono particolarmente utili in situazioni in cui i prodotti freschi non sono accessibili per lunghi periodi.

Monitorare l'idratazione è essenziale, poiché rimanere idratati aiuta la digestione, la regolazione della temperatura e le funzioni corporee generali. Cerca di registrare ogni bicchiere o bottiglia d'acqua consumata, con un obiettivo ideale di circa otto tazze al giorno, a seconda del clima e del livello di attività. I cibi disidratati o salati possono aumentare la sete, quindi è importante regolare l'assunzione di acqua in base ai pasti. In alcune situazioni, monitorare l'idratazione diventa fondamentale se la disponibilità di acqua è limitata, quindi assicurati di razionarla e monitorarla attentamente.

L'adattamento dei metodi di monitoraggio ai diversi membri della famiglia o alle esigenze specifiche garantisce il mantenimento della salute di tutti. I bambini, ad esempio, potrebbero aver bisogno di porzioni più piccole ma di un maggiore apporto di determinati nutrienti per la crescita. Monitorare gli alimenti ricchi di nutrienti come burro di arachidi, latte in polvere o cereali fortificati aiuta a soddisfare le loro esigenze. I membri anziani della famiglia possono trarre beneficio da opzioni più morbide e facili da digerire, come zuppe o frutta in scatola. Prendere nota delle preferenze, dei bisogni e delle eventuali restrizioni dietetiche di ciascun membro della famiglia, come allergie o intolleranze, rende il processo di monitoraggio più personalizzato ed efficace.

La rotazione regolare delle scorte di cibo è parte integrante del monitoraggio e del mantenimento della nutrizione. Con il passare del tempo gli alimenti conservati possono perdere il loro valore nutrizionale, in particolare le vitamine. L'utilizzo di un sistema di rotazione mediante il consumo e il rifornimento degli alimenti garantisce che gli alimenti conservati rimangano freschi e preziosi dal punto di vista nutrizionale. Tenere un inventario delle date di scadenza aiuta a dare priorità agli alimenti che devono essere consumati presto, riducendo gli sprechi. Questo inventario fornisce anche una visione più chiara di quali prodotti alimentari stanno per esaurirsi, in modo che possano essere sostituiti con scorte fresche.

Per rendere il monitoraggio meno noioso, valuta la possibilità di preparare un piano alimentare di base per ogni settimana, annotando i tipi di cibo conservati e come distribuirli durante la settimana. La pianificazione può semplificare il monitoraggio dei nutrienti fornendo una struttura prevedibile che soddisfa i fabbisogni giornalieri. Ad esempio, un giorno potrebbe concentrarsi su pesce in scatola, fagioli e verdure, mentre il giorno successivo potrebbe includere cereali secchi, noci e frutta. La ripetizione del ciclo garantisce varietà, rendendo più facile monitorare i nutrienti senza grandi cambiamenti ogni giorno.

Mantenere alto il morale e rendere divertente il monitoraggio può incoraggiare la coerenza. In un contesto di gruppo o familiare, stabilite che sia una routine discutere le opzioni alimentari di ogni giorno e controllare insieme l'assunzione di nutrienti. Celebrare i piccoli risultati, come raggiungere un obiettivo proteico o provare una nuova ricetta con ingredienti conservati, aiuta tutti a rimanere coinvolti nei propri sforzi di monitoraggio della nutrizione.

Il monitoraggio e la regolazione dell'assunzione di nutrienti diventano più gestibili con sistemi semplici, dai diari alimentari alle app, che tengono traccia dei pasti giornalieri, delle dimensioni delle porzioni e del contenuto di nutrienti. Seguendo queste linee guida, il monitoraggio nutrizionale di emergenza non solo diventa realizzabile, ma garantisce anche che tutti ricevano un nutrimento equilibrato e sufficiente, contribuendo a una migliore salute e resilienza durante i periodi incerti.

Adattamento a diversi membri della famiglia

Adattare i piani alimentari di emergenza ai diversi membri della famiglia è essenziale per garantire che tutti ricevano la nutrizione di cui hanno bisogno, soprattutto quando si ha a che fare con bambini, anziani o familiari con esigenze dietetiche particolari. Le situazioni di emergenza presentano sfide uniche che possono limitare le opzioni alimentari, quindi un'attenta pianificazione può garantire che ogni persona rimanga sana e nutrita. Gli aggiustamenti nelle dimensioni delle porzioni, nel contenuto di nutrienti e nei tipi di alimenti possono fare una grande differenza nel sostenere la salute e il benessere generale durante una crisi.

Per i bambini, la nutrizione deve supportare la loro crescita e i livelli di energia. I bambini necessitano di un buon equilibrio di proteine, carboidrati e grassi sani, nonché di vitamine e minerali come calcio, vitamina D e ferro per lo sviluppo delle ossa e la salute del sistema immunitario. Gli alimenti adatti ai bambini, facili da mangiare e da digerire, come burro di arachidi, salsa di mele, frutta in scatola e cracker integrali, possono essere un'ottima aggiunta a una scorta di emergenza. Anche l'inclusione di cereali fortificati e latte in polvere può fornire vitamine essenziali, soprattutto se non sono disponibili latticini freschi. Regola le dimensioni delle porzioni in base all'età, con i bambini più piccoli che necessitano di quantità minori ma si concentrano comunque su opzioni ricche di nutrienti. Anche mangiare cibi o snack di conforto, come barrette di cereali o frutta secca, può aiutare a tenere alto il morale dei bambini in caso di emergenza.

Per gli anziani, gli aggiustamenti dietetici possono comportare cibi più morbidi, nonché la considerazione di eventuali condizioni di salute specifiche. Man mano che le persone invecchiano, spesso hanno bisogno di meno calorie ma possono richiedere livelli più elevati di alcuni nutrienti, come calcio, vitamina B12 e proteine. Le proteine sono particolarmente importanti per prevenire la perdita muscolare e mantenere la forza. Gli alimenti morbidi e facili da masticare come il pesce in scatola, le zuppe, i fiocchi d'avena e la salsa di mele funzionano bene per gli anziani. Anche le opzioni a basso contenuto di sodio sono utili, soprattutto per chi soffre di pressione alta o patologie cardiache. Gli alimenti ricchi di fibre come fagioli e verdure in scatola aiutano la digestione, una preoccupazione comune per gli anziani. Se possibile, fai scorta di opzioni a basso contenuto di zucchero per chi soffre di diabete e fai attenzione ai farmaci che possono influenzare le scelte alimentari, come la necessità di evitare cibi ad alto contenuto di potassio per determinate condizioni.

Per i membri della famiglia che soffrono di allergie o intolleranze, pianificare le proprie esigenze dietetiche è fondamentale per evitare rischi per la salute. Le allergie alimentari, come quelle alla frutta secca, ai latticini o al glutine, richiedono un'attenta lettura e pianificazione delle etichette. Ad esempio, se qualcuno in famiglia è intollerante al lattosio, avere a disposizione alternative al latte senza lattosio o latte di cocco in scatola. Per le esigenze senza glutine, includi opzioni come riso, quinoa e fagioli in scatola, che sono naturalmente privi di glutine e nutrienti. Se qualcuno ha un'allergia alle arachidi o alle noci, evita di immagazzinare burro di arachidi o qualsiasi oggetto che potrebbe contenere noci. In questi casi, il burro di semi di girasole o il tahini (semi di sesamo macinati) possono essere alternative sicure e nutrienti. Etichettare chiaramente gli alimenti conservati può anche aiutare a prevenire il consumo accidentale di allergeni, soprattutto in situazioni di emergenza stressanti.

Per i membri della famiglia con patologie croniche come il diabete o l'ipertensione, alcuni aggiustamenti dietetici li aiuteranno a gestire le loro condizioni in caso di emergenza. I diabetici hanno bisogno di un apporto costante di carboidrati per mantenere costanti i livelli di zucchero nel sangue. I cereali integrali, i fagioli in scatola e la frutta in scatola a basso contenuto di zucchero possono fornire carboidrati a rilascio lento che supportano la stabilità dello zucchero nel sangue. È consigliabile evitare cibi zuccherati o ricchi di carboidrati come caramelle o bibite, che possono causare rapidi picchi di zucchero nel sangue. Gli alimenti a basso contenuto di sodio sono fondamentali per chi soffre di ipertensione; scegliere verdure in scatola non salate, zuppe e altre opzioni a basso contenuto di sale può fare una differenza significativa nel controllo della pressione sanguigna. Per chiunque abbia problemi cardiovascolari, evita di immagazzinare troppi alimenti ricchi di grassi saturi e includi opzioni salutari per il cuore come il pesce in scatola, che contiene acidi grassi omega-3 benefici.

Per i neonati, i bisogni nutrizionali sono unici e spesso difficili da soddisfare con le tradizionali opzioni alimentari di emergenza. Il latte artificiale (se il bambino non è allattato al seno) è essenziale e il latte artificiale in polvere è solitamente una scelta migliore poiché ha una lunga durata e necessita solo di acqua per la preparazione. Gli alimenti per bambini in barattoli o buste, o anche le puree fatte in casa a base di frutta e verdura in scatola, possono fornire opzioni sicure e salutari. Nei casi in cui l'accesso all'acqua pulita è incerto, avere latte premiscelato o biberon sterilizzati può essere un vero toccasana. Per i bambini piccoli, cibi morbidi come farina d'avena, salsa di mele e purè di fagioli in scatola possono fornire i nutrienti necessari, ma le dimensioni delle porzioni dovrebbero essere adattate alla loro età.

Le esigenze dietetiche speciali possono includere anche membri della famiglia vegetariani o vegani. Le opzioni vegetariane ricche di proteine come fagioli in scatola, lenticchie, ceci e quinoa possono fornire i nutrienti necessari senza carne. L'aggiunta di latte vegetale, noci e semi fortificati garantisce la copertura di nutrienti come la vitamina B12, il ferro e il calcio. Il lievito alimentare, che è stabile e ricco di vitamine del gruppo B, può essere aggiunto ai pasti per ulteriore sapore e nutrimento. Per le famiglie vegane, opzioni come burro di mandorle, semi di girasole e frutta e verdura in scatola rappresentano scelte versatili e nutrienti. Anche includere alternative alla carne stabili, come proteine vegetali testurizzate o tofu in scatola, può aiutare a soddisfare il fabbisogno proteico.

Avere una scorta di multivitaminici a portata di mano può aiutare a colmare eventuali lacune nutrizionali, soprattutto se la varietà è limitata negli alimenti di emergenza. I multivitaminici possono fornire una fonte di riserva di nutrienti essenziali come le vitamine A, C, D e del complesso B, nonché minerali come ferro, magnesio e calcio. Per i bambini, gli anziani o chiunque abbia esigenze di salute specifiche, scegli multivitaminici adatti all'età, poiché i loro fabbisogni nutrizionali differiscono. Anche se le vitamine sono un integratore utile, non si dovrebbe fare affidamento su di esse per sostituire completamente i nutrienti che possono essere ottenuti dal cibo.

Anche le esigenze di idratazione variano tra i membri della famiglia. I bambini potrebbero aver bisogno di un'idratazione frequente in quantità minori, mentre gli anziani potrebbero essere più inclini alla disidratazione e richiedere un gentile promemoria per bere acqua. Per i diabetici, rimanere idratati è particolarmente importante per la gestione della glicemia. Soluzioni elettrolitiche o sali di reidratazione orale possono essere utili da avere a portata di mano se qualcuno si disidrata a causa di una malattia o di livelli di attività elevati. Fai scorta di polveri elettrolitiche o acqua di cocco, poiché possono aiutare a ricostituire i minerali persi e supportare l'idratazione.

Le modalità di conservazione degli alimenti potrebbero necessitare di aggiustamenti in base a queste esigenze specifiche. Contenitori o scaffali separati per gli alimenti specifici di ciascun membro della famiglia possono semplificare la preparazione dei pasti e prevenire la contaminazione incrociata per le allergie. Etichettare chiaramente gli articoli, possibilmente con adesivi con codice colore, può facilitare l'identificazione di opzioni sicure per bambini, familiari anziani o chiunque abbia restrizioni dietetiche. Organizzare un sistema di rotazione dei pasti di emergenza che tenga conto delle esigenze specifiche aiuta a garantire che tutti consumino gli alimenti giusti nei tempi previsti e riduce il rischio di esposizione accidentale ad allergeni o alimenti non idonei.

Creare piani pasto di esempio che includano le esigenze dietetiche di tutti può essere un utile passaggio di preparazione. Costruendo i pasti attorno a cibi universalmente sicuri e nutrienti come cereali, fagioli, verdure in scatola e frutta, la dieta di ciascun membro della famiglia può essere adattata con piccole modifiche. Ad esempio, un pasto condiviso a base di riso e fagioli può contenere pesce in scatola aggiunto per le proteine per i non vegetariani, mentre i vegetariani possono ricevere noci o semi aggiunti. Tali piani alimentari adattabili garantiscono un uso efficiente degli alimenti immagazzinati, soddisfacendo al tempo stesso le diverse esigenze dietetiche.

Considerando attentamente le esigenze e le preferenze nutrizionali uniche di ciascun membro della famiglia, è possibile creare un piano alimentare di emergenza che non solo garantisca la sopravvivenza ma supporti anche la salute e il benessere di tutti.

Valutazione e rifornimento delle forniture

Valutare e ricostituire le scorte alimentari di emergenza è essenziale per mantenere una scorta affidabile, nutriente e sicura. Questo processo aiuta a garantire che il cibo che hai conservato sia sempre pronto per l'uso, privo di deterioramenti e in linea con le mutevoli esigenze della tua famiglia. Monitorare, organizzare e rifornire costantemente sono azioni chiave per garantire che la tua dispensa di emergenza rimanga efficiente in qualsiasi crisi.

Inizia valutando regolarmente lo stato attuale delle tue forniture. Organizza la tua scorta raggruppando insieme articoli simili, come prodotti in scatola, cereali, cibi secchi e snack. Disporre gli alimenti in base alla data di scadenza, posizionando gli elementi più vecchi in primo piano per un facile accesso. Questa pratica, spesso chiamata "first-in, first-out", aiuta a ridurre gli sprechi incoraggiandoti a utilizzare gli articoli prima che si rovinino. Tieni un registro o una lista di controllo di tutti gli articoli, annotando la quantità e la data di scadenza di ciascuno. Questo elenco può essere un record fisico su carta o un file digitale su un dispositivo o un'app. Avere un elenco garantisce che nulla venga trascurato e ti dà un quadro chiaro di ciò che sta per esaurirsi o si avvicina alla scadenza.

Dopo aver avuto una visione organizzata di ciò che hai a portata di mano, ispeziona ogni articolo per individuare eventuali segni di deterioramento. È necessario controllare che le lattine non presentino ruggine, ammaccature o rigonfiamenti, poiché questi segni potrebbero indicare che il cibo all'interno è compromesso. I prodotti secchi, come cereali, fagioli e pasta, dovrebbero essere esaminati per eventuali parassiti, muffe o umidità che potrebbero essere entrati. Per gli articoli confezionati, verificare che i sigilli siano intatti e ermetici. Se noti problemi con questi articoli, eliminali immediatamente per evitare contaminazioni o malattie. Mantenere un'area di stoccaggio pulita, asciutta e a temperatura stabile aiuta a ridurre al minimo il rischio di deterioramento e mantiene i materiali di consumo in condizioni ottimali più a lungo.

È utile creare un programma di rifornimento in base alla frequenza con cui utilizzi articoli specifici e alla loro durata di conservazione. I prodotti non deperibili come riso, pasta e prodotti in scatola hanno una lunga durata di conservazione, quindi potrebbero richiedere solo una sostituzione occasionale, mentre articoli come frutta secca, noci e oli, che possono irrancidire nel tempo, potrebbero richiedere un rifornimento più frequente. Includi promemoria per controllare le tue forniture ogni tre-sei mesi e annota tutti gli articoli che si avvicinano alla data di scadenza in modo da poter pianificare di utilizzarli o sostituirli prima che vadano a male.

Quando è il momento di rifornirsi, dai la priorità agli alimenti che offrono nutrienti essenziali, lunga durata di conservazione e flessibilità nella preparazione dei pasti. Gli alimenti ricchi di nutrienti, come verdure in scatola, fagioli, burro di arachidi, avena e cereali integrali, dovrebbero essere in cima alla lista, poiché questi alimenti possono fornire energia e proteine in caso di emergenza. Gli alimenti che offrono varietà e sapore, come spezie, salse e frutta in scatola, aiutano a mantenere il morale ed evitare la "stanchezza alimentare", che può verificarsi quando si mangiano ripetutamente le stesse cose. Considera gli alimenti che tutti i membri della tua famiglia possono mangiare, compresi quelli che soddisfano allergie o restrizioni dietetiche. Adattare le proprie scelte alle esigenze di tutti evita inutili sprechi e garantisce che ogni membro della famiglia abbia qualcosa di nutriente e piacevole.

Un aspetto importante per mantenere le scorte di cibo è essere consapevoli delle vendite stagionali o delle opportunità di acquisto all'ingrosso. Acquistare alimenti di base sfusi o durante i saldi può farti risparmiare denaro e aiutarti ad avere sempre a portata di mano una buona quantità di ingredienti principali. Molti supermercati e grandi magazzini effettuano saldi su prodotti non deperibili in diversi periodi dell'anno, rendendo più semplice fare scorta senza sforare il budget. Quando acquisti all'ingrosso, controlla di avere uno spazio di conservazione adeguato e contenitori che proteggano questi alimenti da parassiti o umidità. I grandi contenitori ermetici o i secchi per alimenti con sigilli sono ideali per oggetti sfusi come riso, fagioli e cereali.

Incorporare cibi che piacciono alla tua famiglia e che sa come preparare rende le scorte più utilizzabili nella vita quotidiana, non solo durante le emergenze. Ruota gli articoli fuori dalla dispensa di emergenza e mettili nei tuoi pasti quotidiani quando sono vicini alla scadenza, quindi sostituiscili con articoli freschi. Questa pratica non solo riduce gli sprechi, ma mantiene anche la famiglia abituata a mangiare questi alimenti, il che può aiutare a ridurre lo stress nell'adattarsi ai pasti di emergenza. Inoltre, avere nella propria scorta alcuni pasti già preparati o pronti da mangiare può essere utile, soprattutto per le situazioni in cui cucinare potrebbe non essere fattibile.

Un'altra strategia efficace è diversificare la conservazione includendo alimenti con metodi di preparazione diversi. Avere un mix di cibi istantanei, come riso istantaneo e farina d'avena, insieme ad alimenti che richiedono cottura, consente flessibilità a seconda delle risorse disponibili. In situazioni in cui si dispone di acqua o combustibile limitati, i cibi istantanei rappresentano un modo rapido ed efficiente per preparare un pasto. D'altra parte, gli articoli che necessitano di cottura, come i fagioli secchi o la pasta, tendono ad essere più convenienti e hanno una lunga durata, rendendoli ideali per la conservazione a lungo termine.

I contenitori per la conservazione degli alimenti svolgono un ruolo fondamentale nel mantenere le scorte al sicuro e prolungarne la durata. Barattoli di vetro, sacchetti in Mylar con assorbitori di ossigeno e sacchetti sottovuoto aiutano a proteggere i prodotti essiccati da umidità, parassiti e deterioramento. Durante il rifornimento, approfitta di queste soluzioni di conservazione per alimenti come cereali, frutta secca e noci, che sono sensibili all'aria e all'umidità. Etichetta ciascun contenitore con il nome dell'articolo e la data in cui è stato confezionato e, se possibile, aggiungi la data di scadenza. Questa etichettatura ti assicura di sapere esattamente quando ogni articolo è stato immagazzinato, facilitando la rotazione e il rifornimento.

Anche tenere un piccolo kit di cucina di emergenza accanto alle scorte di cibo può migliorare la tua preparazione. Questo kit potrebbe includere oggetti come un fornello portatile, taniche di carburante, un apriscatole, fiammiferi o un accendino e utensili di base. Avere questi elementi essenziali a portata di mano rende più facile l'accesso e la preparazione del cibo anche se le risorse della cucina tradizionale non sono disponibili. Pianifica di testare periodicamente il kit di cucina per assicurarti che tutti i componenti funzionino e di rifornire il carburante o altre forniture secondo necessità.

Se possibile, valuta la possibilità di accantonare una piccola parte del budget di emergenza appositamente per il rifornimento di cibo. Pianificare finanziariamente il rifornimento ti consente di mantenere la tua dispensa ben mantenuta senza costi imprevisti. Utilizza questo budget per sostituire eventuali articoli speciali, come alimenti senza glutine o senza latticini, poiché potrebbero essere più costosi o più difficili da trovare sfusi. Mettendo da parte i fondi per il ripopolamento regolare, è più semplice mantenere nel tempo una fornitura alimentare varia e di alta qualità.

Istruisci i membri della famiglia sul tuo sistema di scorte di emergenza, mostrando loro dove è immagazzinato tutto e spiegando come gli articoli dovrebbero essere ruotati e sostituiti. Insegnare ai bambini più grandi o agli adolescenti come tenere traccia dell'inventario e identificare gli articoli prossimi alla scadenza fornisce loro competenze pratiche nella gestione degli alimenti e rafforza la preparazione della famiglia. Se tutti comprendono il sistema, diventa più facile mantenere tutto organizzato e ben mantenuto, il che favorisce l'affidabilità e l'efficienza a lungo termine.

Valutare e rifornire le scorte alimentari di emergenza è un'abitudine che, una volta stabilita, mantiene la dispensa in perfetta forma. Controllando regolarmente la freschezza, monitorando le date di scadenza e dando la priorità agli articoli essenziali, stai costruendo un sistema alimentare affidabile in grado di sostenere la tua famiglia durante qualsiasi emergenza.

CONCLUSIONE

Prepararsi al futuro con una mentalità sostenibile

Prepararsi per il futuro concentrandosi sulla nutrizione sostenibile è un passo importante verso la costruzione di resilienza, indipendenza e sicurezza. Quando pensiamo alla preparazione alle emergenze, l'obiettivo non è solo sopravvivere alle crisi a breve termine, ma stabilire abitudini e pratiche che possano sostenerci a lungo termine. L'alimentazione sostenibile è al centro di questo approccio. Implica una pianificazione attenta, scelte rispettose dell'ambiente e lo sviluppo di abitudini che proteggano non solo il nostro benessere ma anche la salute del nostro pianeta. Sottolineando le scelte sostenibili, garantiamo che le risorse su cui facciamo affidamento oggi rimangano disponibili per le generazioni a venire, rendendoci più preparati per le sfide attese e impreviste.

Per creare un approccio veramente sostenibile, considera l'integrazione delle abitudini di preparazione nella vita di tutti i giorni anziché vederle come qualcosa di separato o necessario solo per le emergenze. La rotazione regolare degli alimenti, la coltivazione di parte del nostro cibo, la conservazione dei prodotti stagionali e la creazione di una fornitura costante di articoli nutrienti e stabili a scaffale non sono solo attività di "preparazione"; sono modi di vivere pratici e pieni di risorse. Queste azioni riducono gli sprechi, promuovono la consapevolezza delle scelte alimentari e creano un ambiente alimentare più sicuro per le nostre famiglie. Utilizzando gli alimenti delle nostre scorte nei pasti quotidiani e reintegrandoli continuamente, trasformiamo le nostre scorte alimentari di emergenza in una parte attiva del nostro stile di vita.

Il giardinaggio, il compostaggio e la coltivazione di microgreens sono pratiche semplici ma di grande impatto che fanno una differenza significativa. Il giardinaggio indoor può fornire erbe e verdure fresche tutto l'anno, mentre il compostaggio non solo crea un terreno ricco di sostanze nutritive per le piante, ma riduce anche i rifiuti di cucina. Queste piccole attività ci avvicinano alle nostre fonti alimentari, creano meno dipendenza dalle forniture esterne e promuovono un rispetto più profondo per i cicli della natura. La soddisfazione di coltivare cibo dai semi, anche in piccole quantità, insegna resilienza e pazienza, qualità inestimabili durante qualsiasi difficoltà.

La preparazione alle emergenze diventa anche più efficace se consideriamo le esigenze specifiche della nostra famiglia e dell'ambiente locale. L'adattamento dei piani alimentari in base al clima, alla disponibilità alimentare regionale e alle esigenze dietetiche specifiche garantisce che le nostre scorte non siano solo funzionali ma sostenibili e personalizzate. Ad esempio, le famiglie che vivono nelle regioni più fredde potrebbero concentrarsi maggiormente sugli alimenti conservati che non dipendono dalla refrigerazione, mentre quelle che vivono in climi più caldi potrebbero sfruttare la luce solare per cucinare o essiccare le erbe. Comprendere e prepararsi a queste differenze regionali rende i tuoi sforzi più adattabili e realistici.

Nutrizione sostenibile significa anche scegliere alimenti e forniture che abbiano un impatto ambientale minimo. Selezionando articoli con una durata di conservazione più lunga, acquistando all'ingrosso o optando per opzioni senza imballaggio quando possibile, riduciamo gli sprechi e diminuiamo il nostro impatto ambientale. Prepararsi in questo modo significa anche utilizzare meno risorse, conservare l'acqua e sostenere i fornitori locali che apprezzano la sostenibilità. Ogni scelta che facciamo, che si tratti di una singola lattina di fagioli o di un acquisto all'ingrosso più grande, può supportare una catena di approvvigionamento che dà priorità alle pratiche rispettose dell'ambiente.

Un altro aspetto essenziale della sostenibilità nella preparazione alle emergenze è dare priorità alla nutrizione. Accumulare alimenti che siano durevoli e ricchi di nutrienti, come cereali, fagioli, frutta secca, noci e semi, garantisce di ottenere pasti equilibrati anche in caso di crisi. Costruire una dispensa di cibi sani e nutrienti crea un approvvigionamento alimentare sostenibile che ci fornisce energia, ci aiuta a rimanere in salute e mantiene forte il nostro corpo. Pensare a vitamine, minerali e fonti proteiche e trovare modi per aggiungere varietà significa che i pasti saranno soddisfacenti e completi dal punto di vista nutrizionale. Questo approccio ci incoraggia a pensare al cibo come carburante e supporto sanitario, non semplicemente come qualcosa che ci mantiene sazi.

Mentre sviluppi il tuo piano alimentare di emergenza, considera come può migliorare la salute e la qualità della vita a lungo termine della tua famiglia. La preparazione riguarda tanto la resilienza mentale ed emotiva quanto le risorse fisiche. Essere dotati delle competenze e delle risorse per gestire una crisi con calma e sicurezza crea tranquillità. Le famiglie che pianificano insieme, discutono apertamente i propri bisogni e partecipano alla coltivazione, alla cucina o alla conservazione del cibo, sviluppano un senso di responsabilità condivisa e di unità. Questo approccio collaborativo è particolarmente utile per i bambini, che acquisiscono competenze essenziali e fiducia nella propria capacità di affrontare situazioni difficili.

Pensa alle tue forniture di emergenza come a una risorsa in evoluzione, non statica. Nel corso del tempo, aggiusta e modifica ciò che immagazzini in base ai cambiamenti nelle esigenze dietetiche, nelle preferenze e nelle dimensioni della famiglia. Un approccio sostenibile riconosce che le circostanze della vita si evolvono, quindi rimanere flessibili e adattabili mantiene la nostra fornitura di cibo rilevante e utile. Questa mentalità ci consente di sperimentare, apprendere e migliorare continuamente, creando un ciclo autosufficiente di utilizzo, rifornimento e crescita. Con ogni piccolo miglioramento, rafforziamo la nostra capacità di gestire le sfide future con meno risorse e meno stress.

Vivere con una mentalità di preparazione non deve sembrare restrittivo o eccessivamente concentrato su potenziali disastri. Può invece essere un approccio pratico e potenziante alla vita che promuove l'indipendenza, la fiducia in se stessi e la gratitudine. Piccole azioni come piantare una pianta di pomodoro, imparare a preparare i pasti con ingredienti stabili o semplicemente usare il cibo prima che scada, costruiscono uno stile di vita più forte e più resiliente. Queste abitudini ci incoraggiano a sprecare meno, a pianificare in modo più ponderato e a vivere con maggiore consapevolezza delle risorse che consumiamo e dell'impatto delle nostre scelte.

Incorporare questi principi nella vita quotidiana può persino ispirare gli altri intorno a te a considerare l'importanza di una vita sostenibile. Quando vicini, amici o familiari comprendono il valore di avere una fornitura alimentare costante e affidabile, possono essere incoraggiati ad adottare abitudini simili, creando un effetto a catena di preparazione e resilienza nella vostra comunità. Le comunità che si concentrano insieme sulla sostenibilità sono più capaci di superare le sfide, siano esse piccoli inconvenienti o interruzioni significative.

Il viaggio di preparazione alle emergenze con una mentalità sostenibile è sia gratificante che pratico. Ci ricorda che, anche in tempi di incertezza, possiamo prenderci cura del nostro benessere e del benessere di coloro che amiamo. Ogni seme che piantiamo, ogni pasto che prepariamo con le scorte immagazzinate e ogni abilità che apprendiamo aumenta la nostra resilienza. La preparazione sostenibile significa valorizzare le risorse, fare scelte sagge e abbracciare la soddisfazione dell'autosufficienza. Impegnandoci in queste pratiche, creiamo una base forte, adattabile e pronta ad affrontare il futuro con fiducia.

www.ingramcontent.com/pod-product-compliance
Lightning Source LLC
Chambersburg PA
CBHW071449220526
45472CB00003B/735